JN171970

北海道地域農業研究所学術叢書⑱

# 営農経済事業イノベーション戦略論

## 農産物マーケティング論

吉田 成雄・小川 理恵・柳 京熙 共著

筑波書房

# はしがき

わが国の経済社会の激しい変化は、JAを取り巻く環境とその様相を一変させた。

まず社会・経済・技術・地球環境・政治を巡る外的環境変化を見てみよう。

①社会的側面を見ると、人口動態では人口減少時代に移行しており、超高齢社会が地方だけでなくわが国全体に広がっている。また価値観やライフスタイルにも従来とは大きく異なる変化が生じている。②経済的側面では、グローバル化の中でのマクロ経済を巡る変化、また長期にわたるデフレ経済環境の下でわが国の産業構造の変化が進んでいる。引き続き、メガFTA、TPP（環太平洋パートナーシップ協定）などの動きが加速しており、貿易や国境を越えた投資の拡大だけでなく、外国人労働者の流入などわが国の経済と社会に大きなインパクトを与えるグローバル化が一層促進されると見られる。そうした中でとりわけ心配されるのは、農畜産物などの一層の輸入増加が国内農業へダメージをもたらすだけでなく地域経済にも深刻な影響をもたらすことである。すでにグローバル化とデフレ経済環境の長期化で、企業経営者はデフレマインドから脱却できず投資や賃金の抑制を常態化させ、雇用・所得・家計というミクロ経済面での深刻な影響をもたらしている。例えば低賃金の非正規労働者の増加や貧困率の上昇など格差社会化の問題である。また、③技術的側面では、IT化とインターネット環境の急速な拡大、それがさらにIoT（インターネット・オブ・ティングス：「モノのインターネット」）の浸透・普及を加速させている。また、AI（人工知能）の急速な能力向上、ビッグデータ解析の利活用など無視できない環境変化である。しかもそのスピードが速い。また他にも生産・流通・輸送などあらゆる分野でテクノロジーが進歩している。そして重要な事項として、④地球環境的側面では、地球温暖化による気候変動が農業などに与える重大な影響が懸念される。加えて、

⑤政治的側面を無視することはできない。政治的な変化が大きな環境変化をもたらすことがあるからである。とりわけ法律の制定や改正、行政指導や規制の変化が、直接、間接にJAそのものに大きな影響を及ぼすからである。

例えば、「農業協同組合法等の一部を改正する等の法律」(平成27年9月4日法律第63号)により農業協同組合法が改正され2016(平成28)年4月1日に施行された。この法改正によって、JAの事業、とりわけ営農経済事業はその改革を強く迫られることになった。

なかでも農業協同組合法第7条などの規定は、これまでの法にはない行政指導や規範を含む規定となっている。以下に抜粋引用する条文を直接お読みいただきたい(下線は引用者による)。

「第7条　組合は、その行う事業によつてその組合員及び会員のために最大の奉仕をすることを目的とする。

② 組合は、その事業を行うに当たつては、農業所得の増大に最大限の配慮をしなければならない。

③ 組合は、農畜産物の販売その他の事業において、事業の的確な遂行により高い収益性を実現し、事業から生じた収益をもつて、経営の健全性を確保しつつ事業の成長発展を図るための投資又は事業利用分量配当に充てるように努めなければならない。」

また、農業協同組合の理事に関する第30条の第11項から第13項の規定を抜粋引用しておこう(下線は引用者による)。第12項と第13項は、改正農協法で新たに追加されたものである。第12項では、「理事の定数の過半数」を認定農業者か、農畜産物の販売事業や経営に関し「実践的な能力を有する者」のいずれかでなければならないとした。つまりこれは第7条の目的を遂行するに相応しいと法が考える「理事像」と理事会等のガバナンスのあり方を、定款自治に委ねることなく法律の条文に直裁に規定したものであるといえよう。

「第30条　（略）

⑪　組合の理事の定数の少なくとも三分の二は、組合員（准組合員を除き、組合員の組合員又はその組合員で准組合員でないものを含む。以下この項において同じ。）たる個人又は組合員たる法人の役員でなければならない。（略）

⑫　農業協同組合の理事の定数の過半数は、次に掲げる者のいずれかでなければならない。ただし、その地区内における認定農業者（農業経営基盤強化促進法第十三条第一項に規定する認定農業者をいう。第一号において同じ。）が少ない場合その他の農林水産省令で定める場合は、この限りでない。

一　認定農業者（法人にあっては、その役員）

二　農畜産物の販売その他の当該農業協同組合が行う事業又は法人の経営に関し実践的な能力を有する者

⑬　農業協同組合は、その理事の年齢及び性別に著しい偏りが生じないように配慮しなければならない。（略）」

では、JAはこうした大きな変化をどのように受け止め、農業協同組合という組織の理念や使命を的確に果たし続けて行くためにどうすればよいのだろうか。

とくに改革を迫られているJAの営農経済事業をどのような経営理念のもとで再構築すればよいのだろうか。

本書は、こうしたことを真剣に考える人たちが必要とする思考の枠組みを提供することを目指して執筆したものである。既にJAには様々な改革に向けたプランがコンサルティング会社などから提案されているかもしれない。だが、そうした提案に、世の中の流行だからというだけの理由で安易に飛びつくのではなく、いったん立ち止まって、自ら深く考え、真剣に議論し、自らのJAにとって何が正しいことなのか、農業協同組合としてその使命を果たすためには何をすべきなのかという基本に立ち返ったうえで、自らの経営戦略を構想していただきたいと思う。拙速だけは絶対に避けねばならない。

本書がそうした思いを持つ人のために少しでも役立つならば幸いである。

最後に、冒頭で社会・経済・技術・地球環境・政治を巡る外的環境変化というJAの「外部環境」（機会や脅威など）を例示的に概観したので、今度はJA自身が自らの「内部環境」（強みや弱みなど）を見るためのフレームワークを記しておこう。それは次の４つのことを突き詰めて考えてみるというものである。

１つ目はJAが提供する「価値」についてである。これまでJAの営農経済事業が提供してきた「価値」は、これからも本当に消費者・実需者が求める「価値」なのだろうか。組合員に提供している「価値」は、本当に組合員が求める「価値」なのだろうか。地域に果たす役割や「価値」の提供に課題はないだろうか。また、それらはJAの「理念や指針」に照らして正しく提供される「価値」なのだろうか。

２つ目は「希少性」についてである。「独自性」と言ってもいいだろう。提供する「価値」は、他の企業や団体ではなくJAの営農経済事業だからこそ提供できる「価値」なのだろうか。

３つ目は「模倣困難性」である。提供する「価値」は他の企業や団体には簡単に模倣ができないようなやり方で生み出される「価値」なのだろうか。

４つ目は「組織能力」についてである。農業協同組合という組織だからこそ提供できる「価値」を生み出すために、組合員が参加・参画する優れた仕組みや専門能力を持つ職員などといった態勢が十分整っているだろうか、そしてそれを今後とも維持していくことが可能だろうか。これは模倣困難性の大きな要因となるだろう。

ところで、他のJAの成功をそのまま真似ようとしてもそれはできるはずがない。学ぶべきは、見えることのその背後に存在している人たちの考え方や志である。どれほど困難な状況におかれようとも、組合員と地域の人々のために力を尽くし、負けずにやり遂げる意思、諦めないでコツコツ積み上げ発展させていく力の源、新たなことにチャレンジする勇気、失敗しても再度挑戦する意志といったものにこそ目を留めるべきではなかろうか。そうした思いや知恵と様々な人脈を持つ仲間が、必ずJAの組合員の方々や役職員の中に存在している。地域の中を探せば必ず見つかる。

JAの組織目的（使命）を達成するために、営農経済事業をどのような経営理念のもとで再構築すればよいかを考える前に、こうしたことについてもぜひ考えてほしい。また、議論してほしい。

著　者

# 目次

# 序章 課題と研究方法

吉田 成雄・柳 京熙

## 1．課題の所在

わが国の農業協同組合は、営農経済事業だけでなく、信用事業、共済事業、生活事業や高齢者福祉事業など多彩な事業を兼営する「総合JA」として農村地域の組合員（注1）の多様なニーズに応える努力を続けてきた。これがJAの特長であり大きな強みであることは間違いない。

とはいえ問題がないわけではない。JA批判者たちが指摘するとおり、信用事業や共済事業の収益に依存する度合を年々強めてきたし、国内総生産に占める農業生産の割合が小さくなるなかで、JAは農業協同組合としての色彩を薄めつつあるようにも見える。ただ、合併による大規模化はわが国の金融システム全体の安定に当然の責任を有する信用事業を営むために、JAが必要な自己資本比率を維持するためにも不可欠であった。

また、大規模合併が行政区域を越え、県域に近づく範囲に拡大するなかで、JAと組合員との距離が離れるという、人と人との結び付きをベースにする協同組合として深刻な、そして存在理由を脅かすかもしれない最大の問題に直面するに至っている。それに対してJAグループでは、2012年10月の第26回JA全国大会決議に基づき、支店／支所（合併前のJAの本店／本所など）の役割・機能を再構築する取り組みを開始している。また、2015年10月15日に開催された第27回JA全国大会の決議『創造的自己改革への挑戦～農業者の所得増大と地域の活性化に全力を尽くす～』においては、「JAは、生産部会、支店懇談会、集落座談会、訪問等のあらゆる機会を捉え、組合員と徹底的に話し合い、『農業者の所得増大』『農業生産の拡大』『地域の活性化』に向けて、地域農業・JAの課題と組合員ニーズを把握します」などとしている。

これまで、多くの協同組合論は、原理原則としてのロッチデール原則、ICA（国際協同組合同盟）による国際的に承認された協同組合原則、また「JA綱領」などから説き起こし、JAの現状がいかにそれらの原則から逸脱しているか、あるいはその諸原則が認める範囲・規範に基づき――例えば、「地域への貢献」が重要だから地域協同組合へとJAの事業・活動を拡大すべきである、といった指摘を行ってきた。

だが、わが国のそれぞれのJAが置かれた諸条件の違いなどからそうした指摘が当てはまる場合もあるだろうし、そうでない場合もある。どうやら総合JAという多面体を平面的に論じることにかなり無理があるのではないかという気がしてならない。さらに、1980年代以後、国際金融資本が世界経済を席巻するいわゆる新自由主義経済下の地域、農業、協同組合を取り巻く環境の変化が、JAが協同組合としてあるべき姿への組織的転換のチャンスを急速に奪ってきたと見ることもできる。

つまり、総合的・多面的に捉えられるべきJAの存在意義が、JAグループの内と外の両方からの要請あるいは圧力により、好むと好まざるとにかかわらず経済収益至上主義という単純な基準でのみ評価される、より平面的な姿へと向かうことを強いられているのである。

また、JAへのこうした要求は、たとえそれが緊急的かつ社会的要請であったとしても、JAが協同組合である以上、組織の理念やその使命との整合性の面で、また同時に協同組合本来の組織運営や経営意思決定といったガバナンスの側面においても、一般企業とは異なる様々な制約条件があることを浮き彫りにする。

結局のところ、協同組合への無理解や誤解が加わって、様々な「緊急的かつ社会的要請」へのJAの対応そのものが批判の対象となっている。また、それはJAを“指導”することが求められてきた中央会（注2）そのものに対する批判を惹起し、その解体へとつなげようとする意図をもった政治的な動きを生み出した。これは歴史的に見て、新自由主義経済の席巻による結果とも言えるが、これについては後に詳しく論じることにしたい。

農業協同組合が、わが国がグローバリゼーションに適応するために実施するさまざまな規制改革の障害とならないようにするため、社会的・経済的弱者の「協同」組織としての役割から離れて、企業と同様に「競争」を組織運営や経営意思決定のベースにおいた組織へと転換させようという社会的・政治的要請（新自由主義経済下の政治的要請の側面が強いだろうが）が強まっている。こうした抗いがたい強烈な政治的な流れの中で、歴史的にその役割と存在価値が実証されてきたはずであった農業協同組合という１つの組織形態の存在意義がこの国においてはいまや疑わしいものとされかねない所にまで追いつめられつつある[注３]。

すなわちこれまで一般の企業との競合のなかでも、農業協同組合に対する固有の社会的要請（農業者の経済的社会的地位向上と食料供給）に応えるなかで作り上げてきた、販売・購買・信用・共済などの各事業を兼営する「総合JA」組織——農業と地域を支える社会的基盤——としての経済・社会的な位置づけが崩されようとしているのである。

こうしたなかであっても、農業協同組合にとって、内部環境の変化への対応はもとより外部環境の激変への対応が大きな課題となっており、とりわけ新自由主義経済体制下の全面的輸入自由化という事態を相手にして、「いかにしてわが国の農業の競争力を保っていくか」が当面の緊急かつ最大の課題となっている。

## ２．課題設定

以上の課題に答えるために、次の課題認識に基づいて詳細な考察を行うこととしたい。

第１に、これまで全国一律に作り上げてきた卸売市場（共販体制）に適合した平面的な産地形成論ではなく、農産物を巡る流通と市場の変化に対応して実績を上げてきたJAを取り上げ、その事業・活動を基に新たなJA像を組み立てることとした。

第２に、総合JAの事業全体を包括的に論じることは止め、JA事業の中核となる営農経済事業を検討対象とした。それは、組合員の農業経営を支援し組合員に収益をもたらすことが、今のJAに最も期待される事業であるからである。

第３に、取り上げるJAは「１点の曇りもない総合JAで、すべての事業分野において優れたJAでなければならない」、といった態度はとらない。現実のJAの取り組みから特長を見つけ出し、その優れたところを取り出し、新しいJA営農経済事業論の素材として組み立てることとした。

また、この新しいJA営農経済事業論では、「①新しい商品、②新しい生産方法の開発、③新しい市場の開拓、④原材料の新しい供給源の獲得、⑤新しい組織の実現」といった概念としてのイノベーションの創出を成し遂げるために、JAが「どのように地域資源を確保し、組合員の農業経営の安定と発展の基本となる“再生産価格”の実現に成功したのか」に注目する。このことこそが、今日のJAがなすべきことであると考えるからである（注４）。

JAによるマーケティング活動の展開の様相は、常に変化する市場に対し産地のJAが組合員にその情報をフィードバックし、それに対し産地JAとしてどのように対応できるかに関わる。このことはマーケティング・マネジメントの考えでは、組織目的〈使命〉を実現するための経営のあり方そのものである（注５）。

マーケティングとは、多くの人たちが誤解しているように、単にモノやサービスを売りつけ、経済的利益を得るための「金儲けの技」ではない。とりわけ非営利組織のマーケティングでは組織目的〈使命〉の達成がマーケティングの目標となる。また、マーケティングはマーケティング担当者のみが行うものではない。JAの経営全体がJAの組織目的〈使命〉を実現するための態勢を整え、実現するものである。本書はそうした意味でマーケティングという言葉を使っている。組織目的（使命）とは後で詳しく述べるが、単に、儲かる市場対応ではなく、組合員の「総体的利益の最大化」であることを明確にしておきたい。

本書で用いる「総体的利益」という概念は、JAの事業・活動によって提供してきた利益が経済的利益という単純な視点だけで全てを説明することはできない、という立場を表すものである。しかし、本書では議論を複雑化しないために「総体的利益」を、「経済的利益」と「非経済的利益」の両者から構成される「価値」概念として理解することにとどめることにしたい。

次節以降では、組合員の「総体的利益」を論じているが、この「総体的利益」は、「組合員にとっての総体的価値」の実現形態としての「利益」を指す。しかし非経済的利益であってもその多くが長期的には組合員の経済的利益に還元されると理解すべきであると考える。

そこで、次章で詳しく紹介するマーケティングのフレームワークを使って、新たな視点からそれぞれのJAの取り組みについて分析を行い、普遍的な理論化に努めたい（注６）。

## ３．理論的フレームワーク

上記のイノベーションが内包する５つの概念を念頭に置きつつ、以上の課題に答えるために、２つのJAを取り上げ、詳細な分析を行った。

序章と第１章では課題設定と昨今のJAを取り巻く経済状況について分析を行う。農産物市場の現段階を知ることで、明確なマーケティング活動の意義を探るためである。

第２章、第３章においては群馬県のJA甘楽富岡および千葉県のJA富里市を取り上げ、その取り組みについて詳細な分析を行う。それらを分析することで、営農経済事業の論理構築を行うこととした。

とはいえ、こうしたJAの個別事例を紹介し、その取り組みを模倣すればうまくいくと主張するものではない。むしろ平面的なマーケティング活動への理解から抜け落ちている可能性を拾うことに重点を置きたい。なぜなら全国各地に存在するJAはそれぞれが置かれた環境・条件、歴史、あるいは僥倖(ぎょうこう)といったものの積み重ねの中で今日がある。したがって表面的に事業や仕組みを模倣したからといってうまくいくものではないだろう。

そうではなく、今日の発展あるいは成功をもたらした本質的な要因――人的・物的・制度や仕組みといったもの――を総合的に捉えるために、戦略的なアプローチとして、これまでJAを支えたトップダウン的発想から離れて、いかにして地域を基盤とするボトムアップ的な新たなマーケティング活動を構築してきたかに重点を置きたい。

JA甘楽富岡、JA富里市の２つのJAを取り上げる理由は次のとおりである。

まずJA甘楽富岡はJAの大型合併によって生まれた歴史を持っている。合併の目的は、一般的な大型合併とは異なり、「営農経済事業」の再構築すなわち新たな市場対応に合わせた生産・販売体制の再構成を図るためであった。「信用事業」を強化する金融自由化対応を動機とすることが多かった他のJA合併とは異なり、JA甘楽富岡のケースでは、農業の生産体系を再構築し、いかに産地を復興させるか、それを後押しするための営農事業を基幹とするJAをいかに作るかを徹底的に検討したものであった。しかしそれは合併すれば直ちに事業機能が向上して収益性が上がるという甘い理想を描いたものではなく、非常に厳しい経営状態での合併であった。５つの総合農協と１つの専門農協が合併し誕生したJA甘楽富岡は、５億円余の繰り越し欠損金を抱え、実際にJA経営はマイナスからの出発であった。しかし、合併前からJA、商工会、市町村等が地域の危機感を共有し、合併後も、地域農業振興計画の策定を通して地域総ぐるみとなって取り組んだ。その結果、抜本的地域農業の見直しが行われ、それによって地域農業の再構築とJA事業の改革に成功したのである。

そもそもこれまでの多くのJA合併は、JAの事業や経営の改善の手段としてより、むしろ、バブル崩壊以降、金融機関の経営破綻を目の当たりにしたことで、「とにかく合併しなければ生き残れない」といった切迫した思いが背景となって、合併それ自身が目的化される傾向がなかっただろうか。その意味から、JA甘楽富岡が合併を契機にいかにして営農経済事業を再構築し、合併によるスケールメリットをどのように発揮したかは、多くのJAにとって興味深いものであると考える(注7)。

したがって第2章では、JAの合併効果と言われている事業面の効果——①専門性の発揮、②スケールメリットの発揮、③合理化・効率化、④マネジメントの強化——の4点がどのように結合し、さらにその効果が経済事業だけに止まらず、組織ひいては地域の再建に貢献できるようになるのか、という視点から新たなJA像に迫りたい(注8)。

次に第3章で取り上げるJA富里市はJA甘楽富岡と違い、大型合併を経験せず、いわゆる独自路線を歩んだJAである。その意味で、大型合併からの経営再建とは違う手法で営農経済事業を活性化したという特徴をもつ。

それはある意味で、本来JAが実践すべき理想にも関わることであるが、いわゆる営農指導事業から経済事業の活性化を構築した事例である。しかし地域の農業が崩壊の危機にあったJA甘楽富岡ほどではないとしても似た状況からの出発であった。すなわち、かつて富里村農業協同組合（現JA富里市）は、経済事業基盤が弱く、まず当時の富里村農協に自前の生産者組織がないという状況からの出発であった。いわばJAの生産者組織（共販組織）という基盤がゼロという状況から出発し、いかにして生産者組織（生産部会）を組成し、JAの経済事業に結びつけたか、また未合併JAのメリットを生かし、フットワークの軽い販売事業をいかに構築したかは興味深い。

JA富里市の販売事業の特徴はあくまでも「複線共販型」(注9)の事業方式であり、卸売市場、直販取引、加工業務向けなど多様なチャネルをJAが構築しマーケティングに取り組んでいる。ここからは、わが国における卸売市場経由率の低下をもたらした農産物流通の大きな変化とその背景にある流通改革への対応について、JAの営農経済事業における新たな取り組みのあり方である。さらにこれからの単位JAと連合会との組織間の取引が向かう方向を展望するうえで考慮に値する事例であると考える。

そして第４章ではJA甘楽富岡とJA富里市という２つのJAの根底に繋がっている共通点について詳細に分析し、それを基に、いわゆる地域資源の効果的・効率的利用、地域農業の保全、組織内部の目標設定とそれに伴う市場対応といったあらゆる視点から、新たな農業的マーケティングの定式化を試みたい。

最後の第５章では以上の分析結果を踏まえて、これからのJAに必要とされる新たなJA像の展望を描きながら、少しでも現実的答えを提示したい。

**注**

(注１) JAにとって、組合員は「顧客」ではない。JAに出資する“オーナー〔所有者〕”であり、事業利用者であり、運営参画者であるという３つの性格を一体的に有する存在である。

(注２) 平成27年９月４日法律第63号〔平成28年４月１日施行〕による改正前の農業協同組合法第３章に規定される法人。なお、改正前の農業協同組合法第73条の15、第73条の22参照→改正前の農協法条文：「第73条の15　農業協同組合中央会（以下「中央会」）は、組合の健全な発達を図ることを目的とする。」→改正前の農協法条文：「第73条の22　中央会は、その目的を達成するため、次に掲げる事業を行う。

１　組合の組織、事業及び経営の指導

２　組合の監査

３　組合に関する教育及び情報の提供

４　組合の連絡及び組合に関する紛争の調停

５　組合に関する調査及び研究

６　前各号の事業のほか、中央会の目的を達成するために必要な事業

②　中央会は、組合に関する事項について、行政庁に建議することができる。

③　中央会は、組合の定款について、模範定款例を定めることができる。」

(注３) 国内のことはともかく、かつて韓国・台湾の農業協同組合は日本の植民地統治時代の農会がその前身とはいえ、第２次世界大戦後から1990年代まで日本の農業協同組合は理想的なモデルとして採用されてきたこと、また韓国は最近の農業協同組合の対応について常に日本の現状を参考にしていることからも、日本の農業協同組合の位相は高いはずであることをどのように評価すべきだろうか。昨今の日本の農業協同組合への批判を考えれば皮肉なことである。

（注４）経済の成長力の衰退に伴い右上がりの経済成長が期待できなくなっていることはともかく、輸入農産物の氾濫によって、わが国の農業経営は、利益確保はおろか生産の維持さえできない状況が続いている。したがって産地としては生産の維持を可能とする価格の均衡点〈再生産価格〉を見つけ出す必要があった。可能であれば、１年中一定の価格で取引できれば、生産者の側は年間所得が計算でき、取引先においても価格変動のリスクを減らすことができるという利点があるからである。つまり、「再生産価格」とは、市場価格の急激な変動を抑える必要から生まれた概念である。したがって「再生産価格」はそれ自体の経済的意義よりは、JA富里市が様々な市場対応を行う中で１つの戦略として、農産物の価格を先に提示できる取引の有効性を強く意識したマーケティングを端的に言い表す概念である。このことはJA甘楽富岡においても同様である。

（注５）第４章で見るフィリップ・コトラー著、ケビン・レーン・ケラー著、恩蔵直人監修、月谷真紀訳『コトラー＆ケラーのマーケティング・マネジメント（第12版）』ピアソン桐原、2008年４月。

（注６）一般化と普遍化については吉田・柳「補論　新たな農協の発展のための理論的試み」『日中韓農協の脱グローバリゼーション戦略――地域農業再生と新しい貿易ルールづくりへの展望』JA総研研究叢書９、農山漁村文化協会、2013年３月を参照。

（注７）これまでの著者の調査結果を基に言えば、合併により組合員とのつながりが疎遠となり、経済事業の効果より、JA組織の基盤が崩れるケースを多々見てきた。

（注８）石田信隆「合併農協の到達点と課題」『農林金融』2008年６月、農林中金総合研究所。

（注９）卸売市場を頂点とする平面的な市場対応の限界からJA富里市が生み出した市場体系〈市場体制と産地対応〉をそう呼ぶことにしたい。もちろん卸売市場体系を否定するための用語〈概念〉ではない。複線共販型の原型はあくまで、卸売市場を基幹として作り上げた市場体系であることに注意する必要がある。

# 第1章 激変する環境とJA営農経済事業のドメイン再定義

吉田 成雄・柳 京熙

## 1．はじめに

グローバリゼーションの急激な波がわが国の経済社会を変化の激しい競争の時代へと変えた。それは、例えば護送船団方式に決別という金融行政の転換と金融機関再編によるメガバンクの登場をもたらし、輸出企業の海外展開とともに地域の雇用機会が失われ、あるいは農産物輸入自由化が国産農産物の価格水準を低下させるなどといった直接の影響をもたらしてきた。

またグローバリゼーションは同時にマネー経済化をもたらし、金融・資本市場を変質させた。第２次安部晋三内閣の看板政策である「アベノミクス」は主要施策として日本銀行による異次元金融緩和を実施した。変動の激しい株式相場、円高から円安へと急転した為替レート、マネー経済化が影響を及ぼす不動産市場といったすべてが、ボラティリティー（変動性）の高いものに変質している。

こうした経済環境の変化は当然、JAにも大きな影響を及ぼすことになる。

当然のことながら、JAの組合員の農業経営と生活にも大きな影響を与えてきている。

アベノミクスの成長戦略のなかでは、「農協改革は岩盤規制改革の象徴の１つ」とまで言われていた。貿易自由化の流れで国産農産物は輸入農産物と価格競争力で後れをとったが、その原因は、JAがこれまで米の生産と集出荷をJAの営農経済事業の中心に据えてきたJAの姿勢にあるとされた。したがってそれを抜本的に変え、農業生産のコスト削減や輸出など販売ルートの開拓に向けたJAの創意工夫を促し、農家の収益力を向上させ、農業を成長産業に変える戦略こそが、2015年4月3日に閣議決定され通常国会（第189回）に提出された「農業協同組合法等の一部を改正する等の法律案」の趣旨だとされる。

同法律案の提出理由には次のように書かれている。

「最近における農業をめぐる諸情勢の変化等に対応して、農業の成長産業化を図るため、農業協同組合等についてその目的の明確化、事業の執行体制の強化、株式会社等への組織変更を可能とする規定の整備、農業協同組合中央会の廃止等の措置を講ずるとともに、農業委員会の委員の選任方法の公選制から市町村長による任命制への移行、農業生産法人に係る要件の緩和等の措置を講ずる必要がある。これが、この法律案を提出する理由である。」

この法律案の背景にある考え方には、階層分化が進んできたJAの正組合員の中から、小規模零細農家や兼業農家ではなく、大規模農業経営や専業農家の意思反映を強化し、農業の大規模化のためにより貢献するJAへと「JAの構造改革」をすべきであるとする主張がより強く反映されている。1947年12月に施行された農業協同組合法の目的を実質的に大きく変更するというものである。政府は、この法改正の結果、わが国農業の競争力が格段に高まるならば、TPP（環太平洋パートナーシップ協定）などのメガFTAと呼ばれる自由貿易協定を締結するためのハードルが下がる。貿易立国としてのわが国経済と経済界は大きなメリットを享受できると考えるのである。

菅義偉・内閣官房長官が2015年4月4日20時30分に記したブログには、「意欲ある農家を応援し、農業の生産性を高めるために、安倍内閣は40年続いてきた減反廃止へ向けた生産調整の見直しや、農地中間管理機構の創設による農地の大規模化など、「岩盤」と呼ばれた規制を改革する、農政の大改革に取り組んでいます。農協改革は、農政改革の大きな柱の一つです。」と記されている。

そして、農業協同組合法は、農業協同組合法等の一部を改正する等の法律

**表1-1　改正農業協同組合法のポイント（施行2016年4月1日）**

| 農業協同組合の事業運営原則 |
|---|
| 非営利規定「営利を目的としてその事業を行ってはならない」を削除し、新たに「農業所得の増大に最大限の配慮をしなければならない」を規定して義務づけ |
| **農業協同組合の理事構成** |
| 理事の定数の過半数は、認定農業者（注1）や、農畜産物の販売や事業・経営のプロ（「実践的な能力を有する者（注2）」）でなければならないと規定（認定農業者が少ない場合などに農林水産省令で例外措置） |
| **准組合員の利用規制** |
| 5年間実態を調査した後、判断 |
| **中央会** |
| 施行後3年半（2019年9月末）までに全国中央会は一般社団法人、都道府県中央会は連合会に移行。また全国監査機構は公認会計士法に基づく監査法人へ移行 |
| **農業協同組合の監査** |
| 施行後3年半（2019年9月末）までに公認会計士監査に移行（JAの実質的負担が増えないよう政府が配慮） |
| **農業協同組合、連合会の組織変更規定の追加** |
| 組織の変更・分割の規定が整備され、株式会社、一般社団法人、生活協同組合、社会医療法人への転換が可能に |

（参考）【農業協同組合法等の一部を改正する等の法律（平成27年9月4日法律第63号）の成立までの経過】

第189回国会（常会）議案（内閣提出法律案）として「農業協同組合法等の一部を改正する等の法律案」を国会提出平成27年4月3日、衆議院農林水産委員会付託平成27年5月14日、農林水産委員会議決6月25日、衆議院本会議議決平成27年6月30日、参議院へ送付平成27年6月30日、参議院農林水産委員会付託平成27年7月3日、農林水産委員会議決平成27年8月27日、参議院本会議議決平成27年8月28日、公布平成27年9月4日、施行平成28年4月1日。

（平成27年9月4日法律第63号）による改正が行われ、2016（平成28）年4月1日に施行された改正法は、それ以前の法から大きく変貌したものとなった。

だが、わが国のJAの改革の方向はそれでよいのだろうか。「農協改革は岩盤規制改革の象徴の1つ」とまで位置づけられ、法律が改正された。だが、これでJAが抱える課題や問題が解消するといったことではないからである。では、どうすればよいのだろうか。

まず、「新たな日本型組織再編」を考える前提として、「農協のライフサイクル仮説」という考え方に触れておこう。

アメリカの農業経済学者マイケル L. クック（Michael L. Cook（1995））はアメリカ農協の歴史的展開に基づいて農協にライフサイクルが存在するとの仮説（Lifecycle theory）を提示している。

このクックの5段階区分による農協のライフサイクル仮説を著者の見解を交えて整理したものを紹介すると、まず第1段階として、アメリカでは1920年代、地域別農民団体の主導下で、農業協同組合が広範囲に設立された。これがいわゆる協同組合の最初の発展段階である。この時期設立された地域協同組合は地域市場において営利会社の寡占を牽制し、市場競争を促進する役割を果たした。

第2段階の発展について見ると、地域協同組合は営利会社をさらに牽制して組合員に有利な価格で事業やサービスを提供することができた。これは企業の寡占化が進む時代を背景に、協同組合の経済活動が非常に高く評価された時期でもある。結果的に米政府は協同組合に対する特別法を制定し独占禁止法の適用を免除するようになったのである。すなわち協同組合の社会的役割に対する一定の評価がなされたことを意味する。

第3段階の発展の特徴としては、地域協同組合が、営利会社の独占や寡占的な状況を解消する成果を上げたものの、政府の積極的な介入によって「市場の失敗」の弊害がほとんど解消されていくことから、組合員にとっては協同組合による経済的実益を享受できなくなっていく。その結果、多様な階層に分化された組合員は利用者便益と投資家利潤の観点から協同組合組織の構造問題に関心を集中することになった。協同組合のリーダーらも組織構造問題に対する認識の高まりと相まって、とくに支配構造（Corporate Governance）(注3)に関わる問題が重要となる。すなわち、フリーライダー問題（Free Rider Problem)、期間問題（Horizon Problem)、リスク回避問題（Portfolio Problem)、代理人問題（Principal-Agent Dilemma）などの組織構造から生じる問題に対する根本的解決が迫られることとなる。

次に第4段階に入ると、協同組合の運営そのものが厳しくなり、解決にむけて戦略代替案について本格的に議論するようになる。その代替案とは①市場からの脱退（解散または合併)、②事業の持続化、③組織構造の転換である。

最後の第５段階に入ると、その戦略代替案の１つを選択し、対策が講じられる。市場からの脱退の場合、解散や合併または優良組合の営利会社への転換が含まれる。事業の持続化は、子会社設立または合弁事業への投資などを通して、内部はもちろんのこと外部から資金を積極的に調達するようになる。最後の組織構造の転換については、非常に複雑であるために一気に解決することは難しい。マイケル L. クックは１つの方向としては近年のアメリカで見られる新世代農協（New Generation Cooperatives）の設立といった例を挙げている。

アメリカの新世代農協の場合は出資する生産者をある程度制限し、販売に特化する組織を作ることで一定の成功を収めているが、日本の事情とはまったく違うために、一概に論じることは困難である。また日本のJA組織に比べると、組織の成り立ちが違う上に、規模の違いからも構造改革が比較的に容易であったと考える（注４）（注５）。

なお、外国の事例を元に構築された概念形態のため、日本の事情と相容れないことが多々あると考える。例えば日本のように均質な組合員層が大宗を占めるJAには、クックが指摘する支配構造（Corporate Governance）に関わる問題などは生じにくいだろう。つまり、協同組合組織の構造問題は、出資者の階層分化により、組合員間の意思統一の形成（組織の目標設定）が一番大きい問題であるために、最初から均質で同一目標が設定できる組合員だけを揃えれば、組織運営に関わる諸問題は起きにくくなる。さらに出資者と利用者が可能な限り同一な場合、両側の利益は常に合致するからである。

著者はこれを日本の総合JAに取って代わる農業協同組合の新たな将来像とすることは困難であると考えているが、直面している諸問題を考える上では、非常にシンプルかつ的確に整理されていると考える。

とは言え、日本が置かれた状況が楽観的であるとは言い難い。結論からいえば、日本のJAにおいてもクックの仮説の第５段階に入ったことは間違いなく現実である。その時、果たしてどのような選択肢が残されているだろうか。新世代農協のように、組合員の選別による組織の集中化が図れるだろうか。

すでに大型合併は完了しており、新たな組織再編についても議論が活発になっているが、新たな農業協同組合のタイプを論じるほど、広範な議論や動きは見られない。もちろんわが国のJAのライフサイクルがアメリカのような発展過程を辿るとは考えにくい。とは言っても、新たな日本型組織再編が必要な時期に差し掛かっており、実際に現場では新たな動きが活発化している（注6）。

最近のJAを取り巻く状況を勘案すると、なぜか「選択と集中」という１つの道だけを選択するように追い込まれているように見える。

「選択と集中」といった一見もっともらしい経済的効率性を追求する道ではなく、あえて「選択と集中」を選択することなく、別の選択肢として総合的な生産力を保持するような道はないだろうか（注7）。

次節以降は新たな組織を描きながら、わが国のJAを取り巻く経済状況の変化とそれによって揺り動かされるJA組織に生じている様々な問題を考察することとしたい。

## 2．農業政策の大転換とその背後にある新自由主義への懸念

### 1）経済政策・農業政策の大転換に潜む罠

わが国の農業と地域経済、あるいは消費市場を見るうえで、少子化と人口の減少、超高齢社会の加速、単身世帯など世帯サイズの縮小、そして女性の社会進出、急激なグローバリゼーション、情報革命――インターネットの基盤であるICT〈情報通信技術〉さらにはAI（人工知能）の急速な進展――、格差社会化――対外純資産の規模が世界一の豊かなストックを持つ国である一方、非正規雇用者やいわゆる「ワーキングプア」を巡る貧困と格差の問題に直面している――、新興国・人口大国における急激な発展に伴う資源制約

と資源争奪などの要因を外して考えることはできない。

それらについての詳細は他書に譲ることとするが、わが国のマーケティング環境を見たときに、戦後の高度成長期とその延長にあった20世紀後半の環境と、ポストバブルとデフレ不況の「失われた20年」を経験した21世紀の現在の環境との決定的な違いを明確に認識する必要がある。

そしてそれは、わが国の食料・農産物のマーケットの姿を変貌させる要因となっている。

本章では、それらのなかから農業政策あるいは経済政策といったマクロ環境変化を見てみることにしよう。

まず、すべての前提となる人口構造について、厳しい現実を見ておくことにしたい。**図1-1**は、2015年10月１日現在のわが国の人口ピラミッドである。

これを眺めると、いわゆる団塊の世代と呼ばれる第１次ベビーブームの世代、そしてその子の世代で団塊ジュニアと呼ばれる第２次ベビーブーム世代（1971～74年生まれ）の人口の山が目立つ。そして１つの疑問が浮かぶ。なぜその子の世代には第３次ベビーブームが生じなかったのであろうか。

高学歴化に加えバブル崩壊後の経済の低迷、就職難、所得水準の低下などで団塊ジュニアなどが結婚・出産を遅らせたことが、合計特殊出生率（１人の女性が生涯に産む子どもの数を表すとされる指標）を低下させた大きな要因だと言われている。近年、団塊ジュニアなど30代以降の出産意欲の高まりから近年若干の回復を見せているものの2015年の合計特殊出生率は1.45である。過去最低だった2005年の1.26から上昇したものの昭和末期の1985年の1.76には及ばない。たとえ今後、合計特殊出生率が大幅に上昇したとしてもそもそも20代、30代の女性の人口自体が多くない。

さて、10年後の人口ピラミッドの姿を想像することができるだろうか。団塊の世代は、10年後の2028年には後期高齢者に当たる75歳を超え79歳に到達する。

厚生労働省『人口動態統計』によると2005年から死亡数が出生数を若干上回り出し、2011年以降はその差が毎年拡大し、2017年の推計数では40万3,000

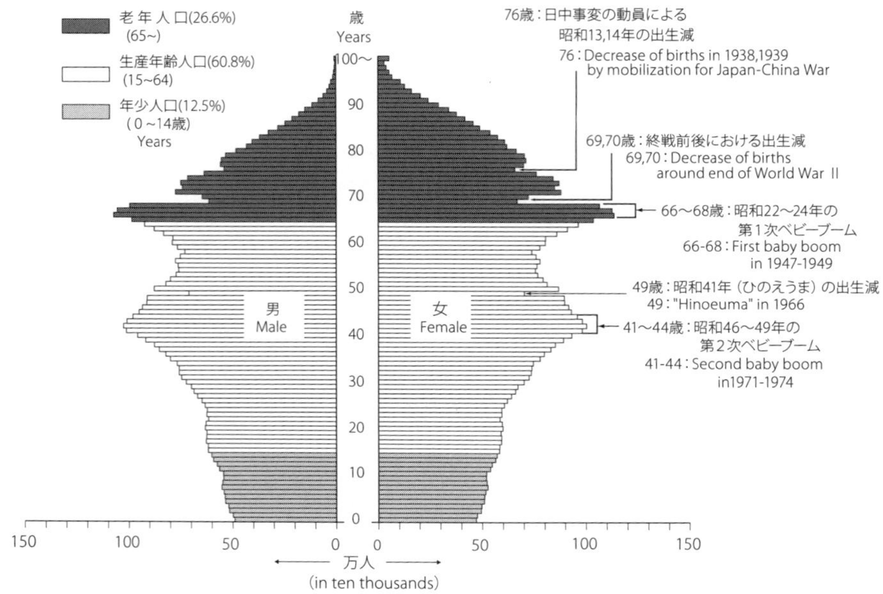


**図 1-1　わが国の人口ピラミッド（2015 年 10 月 1 日現在）**

出典：厚生労働省「平成 29 年我が国の人口動態（平成 27 年までの動向）」
資料：総務省統計局「平成 27 年国勢調査　年齢・国籍不詳をあん分した人口（参考表）」（総人口）

人の人口の自然減が生じた。それは今後ますます拡大していく。

また、わが国の生産年齢人口（15～64歳）は1995年をピークに減少に転じている。総務省統計局の「労働力調査」によるとわが国の労働力人口は1997年をピークに年率0.3％で減少してきたが、2013年末を底に増加に転じている。これは女性と65歳以上の人たちの労働参加率が上昇したためである。だが、今後とも女性や高齢者の労働参加率がさらに上昇することでわが国の労働力不足をカバーすることができるのだろうか。

しかしこれは、農業や農村ではかなり前からありふれた現実であった。だが、有効な手立てもなく農村の人口はなおも減少し続け、いまやコミュニティーの維持が困難になってきている。そしてこれからは、それが農村に止まらず都市もそうなるのである。わが国全体の人口が急激に減少し、しかも

「超高齢社会」となるという現実がすぐそこに迫っている。

次に経済政策・農業政策に関するマクロの環境変化を見てみることにしよう。

唐突に浮上した感があったTPP（環太平洋パートナーシップ協定）による農産物等の関税撤廃交渉は、2010年３月に交渉を開始してから５年半を経て終結した。2015年９月26日（日本時間27日）から米国アトランタで開催された参加12か国の首席交渉官会合を経て９月30日から開催されたTPP閣僚会合の結果、10月５日朝（日本時間５日夜）に12か国の共同記者会見を開き、「TPP大筋合意」の声明が発表された。ところが2017年１月20日に新しく就任したアメリカのトランプ大統領は、１月23日に「アメリカはTPP交渉から永久に離脱することを指示する」ことを内容とする大統領令に署名してアメリカが交渉から離脱するに至っている。その後、アメリカ抜きで「TPP11」の交渉が継続され2017年11月11日に「包括的および先進的な環太平洋連携協定」(CPTPP）の大筋合意が発表された。今度は、アメリカとのFTAが現実味を増している。今後、日米FTAが発効すれば、TPPとさほど変わらない巨大経済圏が誕生することになる。

TPPからアメリカが離脱するという事態は想定外であったが、わが国においては、既にTPP締結後を見据えた政策の転換が着々と進められてきており、1970年代から続いてきた米の生産調整の廃止などを含め農政改革の動きも急展開している。

これまで産業競争力会議や規制改革会議（その後の規制改革推進会議）などでも農業の競争力強化を巡って様々な議論や提案が行われてきた。だが、農政の大転換が切迫していることは、日本経済の再生に向けた「３本の矢」のうちの３本目の矢という触れ込みのもと、2013年６月14日に閣議決定された「日本再興戦略—JAPAN is BACK—」で決定的になった。それ以来、農政のみならず国のすべての政策がこの方向に雪崩を打って動き出し今日に至っている。

「日本再興戦略—JAPAN is BACK—」の中の「本格的成長実現に向けた

今後の対応」という項には、「農業については、担い手への農地集積・集約や、企業参入の拡大などに係る施策が盛り込まれているが、農業・農村全体の所得の倍増を達成するためには農業生産性を飛躍的に拡大する必要がある。そのためには、企業参入の加速化等による企業経営ノウハウの徹底した活用、農商工連携等による６次産業化、輸出拡大を通じた付加価値の向上、若者も参入しやすいよう「土日」、「給料」のある農業の実現などを追求し、大胆な構造改革に踏み込んでいく必要がある。」と記されている。

また、「５．「成長への道筋」に沿った主要施策例」の「（１）民間の力を最大限引き出す」には、「⑤農林水産業を成長産業にする」を目標に掲げ、次の成果目標が明示されている。

・今後10年間で、全農地面積の８割が、「担い手」によって利用され、産業界の努力も反映して担い手のコメの生産コストを現状全国平均比４割削減し、法人経営体数を５万法人とする

・2020年に６次産業の市場規模を10兆円（現状１兆円）とする

・2020年に農林水産物・食品の輸出額を１兆円（現状約4,500億円）とする

・今後10年間で６次産業化を進める中で、農業・農村全体の所得を倍増させる戦略を策定する」

そしてさらに、次の具体的取り組みを掲げている。

「（ⅰ）農地中間管理機構が、市町村や民間企業等に業務委託を行い、地域の総力を挙げた体制を構築しつつ、法人経営、大規模家族経営、集落営農、企業等の担い手への農地集積・集約化に配慮して貸し付ける農地再配分スキームを確立する。

企業の参入状況の検証等を踏まえ、農業生産法人の要件緩和など所有方式による農業の参入の更なる自由化について検討を行う。

（ⅱ）農林漁業成長産業化ファンドの本格展開等を行う。また、新品種・新技術の開発・普及、医療福祉等の異業種連携等により、農業にイノベーションを起こし、付加価値を高める。

（ⅲ）今後10年間で倍増する（340兆円→680兆円）グローバルな「食市場」

の獲得を目指す。このため、国別・品目別輸出戦略を策定する。また、世界の料理界での日本食材の活用推進（Made FROM Japan）、日本の「食文化・食産業」の海外展開（Made BY Japan）、日本の農林水産物・食品の輸出（Made IN Japan）の取組を一体的に推進する。」

ところで安倍晋三政権の「アベノミクス」と呼ばれる一連の経済成長戦略の基本的考え方は、次のようなものである。そこには新自由主義の極めて楽天的な立場が大胆に宣言されている。農政の大転換もこうした考え方に基づいて実行されつつある。この考え方は2006年９月の第１次安倍内閣から2017年11月に発足した第４次安倍内閣に至るまで一貫して継続されている。

「20年以上も続いた経済の低迷は、余りにも長すぎ、我が国経済社会に深刻な影響をもたらした。（略）

経済が長期停滞に陥ったこの期間を指して「失われた20年」と言われているが、経済的なロスよりも、企業経営者が、そして国民個人もかつての自信を失い、将来への希望を持てなくなっていることの方がはるかに深刻である。（略）

こうした状況で第三の矢としての成長戦略が果たすべき役割は、明確である。それは企業経営者の、そして国民一人ひとりの自信を回復し、「期待」を「行動」へと変えていくことである。（略）

今一度、攻めの経済政策を実行し、困難な課題に挑戦する気持ちを奮い立たせ（チャレンジ）、国の内外を問わず（オープン）、新たな成長分野を切り開いていく（イノベーション）ことで、澱んでいたヒト・モノ・カネを一気に動かしていく（アクション）。

止まっていた経済が再び動き出す中で、新陳代謝を促し、成長分野への投資や人材の移動を加速することができれば、企業の収益も改善し、それが従業員の給料アップ、雇用の増大という形で国民に還元されることとなる。そうすれば、消費が増え、新たな投資を誘発するという好循環が実現し、地域や中小企業・小規模事業者にも波及していくこととなる。」（「日本再興戦略

—JAPAN is BACK—」の「第Ⅰ　総論」の「1．成長戦略の基本的考え方」から抜粋）

たしかにそこには人々を鼓舞する魅力的なストーリーとともにバラ色の夢が描かれている。だが著者はこうした考え方にはかなり注意する必要があると考える。ここには、歴史学者の川北稔氏がいう「成長パラノイア」（「〔夕刊文化〕世界資本主義の行方　新覇権国の登場が左右」『日本経済新聞』（夕刊）2013年11月20日）が存在するからである。川北氏によると「成長パラノイア」とは、「経済は常に成長しなければ倒れてしまうという一種の脅迫観念。善い悪いの価値判断はひとまずおいて、ゼロ成長では成り立たないように社会の仕組みができている。」というものである。

だが、常に成長を続けることには限界が存在する。とはいえ経済的繁栄こそが政権安定の最大の要素であることを知る政府はグローバル企業と一体となって「成長の限界」を打ち破るための協力を惜しまない。そしてグローバル企業とグローバルマネーは共に国境を越えた新たな市場を求め、激烈な競争へと世界を巻き込む。こうした動きは、哲学的な基盤を社会ダーウィニズムに置く新自由主義を錦の御旗として、地球上に存在するあらゆる地域社会や多様な文化を強者のルールで一色に塗りつぶしていく巨大な津波のようなグローバリゼーションの運動と呼ぶことができる。真に世界が平和で公正で開かれた貿易の利益を享受しようという理想を掲げてきたWTO（世界貿易機関）における自由化の交渉が途上国と先進国との対立で頓挫した途端、今度は、あれほどまでに過去の世界大戦を引き起こす元凶として恐れ嫌っていたブロック経済化と瓜二つに見えるFTA（自由貿易協定）やメガFTA、あるいは露骨に自由貿易ではなく地域貿易の枠組みで中国を蚊帳の外に置こうとする色彩の強いTPP（環太平洋パートナーシップ協定）を、という具合に、である。

だがそれもいつかは破局を迎える。そもそも持続可能でないからである。当然のことだが地球上の資源は有限であり、そもそも全世界がアメリカ合衆国並みの資源消費を目指すことは不可能だ。また、いかなる社会も経済も政治も、富の偏在が生む巨大な格差や一握りの強者たちに向けられる敗者たちのエスカレートする憎悪、その結果としてのテロリズムや戦争を防ぐことができないからである。

世界的に知られるマーケティングの教科書『マーケティング・マネジメント』の著者で、近代マーケティングの父とも称されるフィリップ・コトラーは、かつて新自由主義の中心であるシカゴ大学でミルトン・フリードマンから経済学を学び修士号を取得し、その後、MIT（マサチューセッツ工科大学）で経済学の博士号（Ph.D.）を取得している。コトラーは、2013年12月の『日本経済新聞』で連載した「私の履歴書」の最終回（30回、2013年12月31日付）でこう述べている。

「半世紀にわたる研究を通じてマーケティングを科学的で包括的な学問に育てたことを評価してもらえたのだろうか。（略）

この学問の研究を始める前に経済学を修めたことに満足している。例えば資本主義を繁栄させる上での自由な企業活動、競争や必要な基準を維持するために政府の政策や規制も知った。また金融危機や企業や政府の過ちで停滞した経済を活性化させたものそれぞれが果たす役割も学んだ。

だが、経済学の理論やその欠陥については疑問を感じる点もある。貧富の差は目に余る。資本主義は世界人口の数％を豊かにするにとどまっている。経済的繁栄はもっと多くの人が享受すべきだ。経済理論からは持続可能性やきれいな空気や水を守るという重要な問題が抜け落ちている。」

また、マクロ経済分析と国際経済学を専門とする同志社大学大学院の浜矩子教授は、著書『老楽国家論』（新潮社、2013年11月）でアベノミクスをこう批判している。

「一部特定の産業や企業や人材を勝ち組と位置づける。そして彼らのために「特区」を設けたり、補助金を出したり、減税措置をしたりする。そうした特定集団の力によって成長力を上げようとするやり方は、次第次第に経済全体の体力を蝕んで行く。成長のための期待と責任を課せられた人々は、徐々に過労になって集中力が低下する。病気にもなる。精神が壊れてしまう場合だってあるかもしれない。ジャングルは百獣の王ライオンさんの力だけでは、その生態系を保持出来ない。みんなで支えているからこそ、ジャングルはジャングルとしての豊かな自然を再生産し続けることが出来るのである。人間という生き物の営みである経済活動もまた、同じことである。弱き者を切り捨てて行く経済活動は、決して長続きしない。」

こうした主張に対して、謙虚に耳を傾け、よりよい経済社会を構築するしっかりした理論や理念をわが国が持つ必要があるだろう。

とはいえ、現実の動きは速い。陰謀とも感じられる露骨な国際政治の力学や巨大な政治的・経済的な圧力がのし掛かるなかで、農政改革という名の下に農業と地域にとってこれまで経験したことがないような政策変更が矢継ぎ早になされていく時代に突入したことを覚悟しなければならない。いまわれわれには大きな環境変化を見通した戦略的な対応が必要となる。時は待ってはくれない。では、どうするか。

例えば、農産物や加工品の輸出に打って出る途もあるだろう。また、6次産業化などを推進し新たな国内市場を開拓していく途もあるだろう。つまり、“Change”（チェンジ）は“Chance”（チャンス）、とプラス思考でチャレンジすることが大切だからである（注8）。

だがそれは、「成果主義」や「適者生存」の発想をベースにした考え方ではない。小規模農業者や兼業農家の存在を否定し、大規模経営者や法人経営だけでわが国の農業や農村が維持・発展すると考えるのは短絡的すぎるからである。

収益性をベースに経営の成果を考える企業による農地所有を認め、企業が設立した大規模法人経営に全てを任せることで、効率的な農業生産が実現し大幅なコストダウンと国際競争力が手に入るとの考えを突き進めると、これまでわが国の農業に携わり地域に暮らしてきた人々が、わが国の国土や環境の維持（例えばきれいな空気や水の供給）、あるいは多様性のある文化に貢献してきた公益的・共益的な機能と役割が崩壊しかねないからである。そしてまた、フィリップ・コトラーが語る「経済的繁栄はもっと多くの人が享受すべきだ」との課題に、答えることができないからである。

著者は、こうした問題を解決する責任と役割がJAにあると考えている。とりわけ、地域社会と環境の保全、食料の安定確保と魅力的な仕事と雇用の場を生み出すことができる力を備えているJAが、今こそ、もっと存在感を増すことが必要なのではなかろうか。研究者による学術研究の世界にではなく、現実の地域社会に存在しているJAが、単なる政策の批判に止まらない、未来に希望を持てる建設的な代案を世の中に示す必要があるだろう。

そして組合員の協同活動の場であるJAと、地域で暮らす人たちや消費者とが十分なコミュニケーションを取っていくことで必ず「イノベーション」が生まれる。だからこそ、いま、協同組合運動を再構築する必要がある。

これから考察する第２章のJA甘楽富岡、第３章のJA富里市という２つのJAの取り組みは協同組合運動の再構築に必要な変革やイノベーションへのヒントとなる有益な示唆に富んでいる。

### ２）商社・巨大物流センター・大手量販・CVSなどの流通構造の激変

農業と食産業の今後に大きく影響する流通構造の変化について見てみよう（**表1-2**、**表1-3**）。

農林水産省が産業連関表をベースとして５年ごとに試算する飲食費の最終消費額は、1995年の81兆9,620億円をピークにしてから2005年には73兆5,000億円へと大きく減少したが、2011年には76兆に回復している。

わが国の「食産業」（国内生産と輸入の食用農水産物、流通業、食品製造業、外食・中食産業）は、農水産物11.8兆円（国内生産10.6兆円＋食用農水産物の輸入1.2兆円）と輸入加工品9.1兆円を食材とし、飲食料の最終消費額76.2兆円に及ぶ規模の「食産業」市場を形成している。

ここで注目してもらいたいことは、最終消費支出に占める「生鮮品等」の割合が、1990年に24.3％であったものが2005年には18.4％、2011年には17.7％にまで構成比を落としていることである。替わって2011年の構成比で

**表 1-2　飲食費の最終消費額とその内訳**

単位：10 億円、%

| | 最終消費額計 | 生鮮品等 | 加工品 | 外食 |
|---|---|---|---|---|
| 1990 年 | 70,153 | 17,051 | 34,832 | 18,273 |
| 構成比（%） | 100 | 24.3 | 49.7 | 26 |
| 1995 年 | 81,962 | 17,186 | 41,881 | 22,895 |
| 構成比（%） | 100 | 21 | 51.1 | 27.9 |
| 2000 年 | 79,507 | 15,079 | 41,466 | 22,963 |
| 構成比（%） | 100 | 19 | 52.2 | 28.9 |
| 2005 年 | 73,584 | 13,515 | 39,119 | 20,949 |
| 構成比（%） | 100 | 18.4 | 53.2 | 28.5 |
| 2011 年 | 76,271 | 13,469 | 38,681 | 25,648 |
| 構成比（%） | 100 | 17.7 | 50.7 | 33.6 |

資料：総務省他９府省庁「産業連関表」を基に農林水産省試算。
出典：農林水産省大臣官房食料安全保障課『〔平成 24 年度世界食料需給動向等総合調査・分析関係業務〕食品産業動態調査』農林水産省、p.7

**表 1-3　最終消費から見た飲食費の部門別の帰属額および帰属割合の推移**

単位：10 億円、%、ポイント

| | 2005 年 | 構成比 | 2011 年 | 構成比 | 増減率 11/05 年 | 構成比変化 11-05 年 |
|---|---|---|---|---|---|---|
| 合　計 | 78,674 | 100 | 76,271 | 100 | ▲3.1 | |
| 農水産物 | 11,782 | 14.8 | 11,851 | 14.5 | ▲9.7 | ▲0.4 |
| うち国産 | 10,582 | 13.5 | 10,638 | 13.9 | 0.5 | 0.5 |
| うち輸入 | 1,171 | 1.5 | 1,213 | 1.6 | 3.6 | 0.2 |
| 輸入加工品 | 9,374 | 11.9 | 9,174 | 12 | ▲2.1 | 0.1 |
| 食品製造業 | 21,687 | 27.3 | 19,188 | 26.1 | ▲11.5 | ▲1.2 |
| 外食産業 | 1,208 | 1.5 | 1,303 | 1.7 | 7.9 | 0.2 |
| 食品流通業 | 26,946 | 33.9 | 25,335 | 34.4 | ▲6.0 | 0.5 |

資料：前表と同じ。

は「加工品」(50.7%)、「外食」(33.6%) の構成比が上がっている。

つまり家庭内で調理する「内食」の割合が２割を切って、「中食」と「外食」が８割を超え食料消費の主役となっているのである。当然、それが「食産業」市場の構造を劇的に変化させてきたのである。

この飲食費の最終消費額76兆円という市場規模のスケールをイメージするために、例えばわが国を支える基幹産業の１つである自動車業界の規模を見てみると、2007年の62兆3,000億円から2008年には49兆4,000億円（日産ディーゼル工業を加えた11社の売上高計）と急落し低迷を続けてきたが、2012年に入り円安の効果もあり若干の持ち直しを見せ2012〜13年には52兆4,000億円(注９)となっている。

これに対してわが国の食産業の規模は、デフレ経済環境で進む所得水準低下傾向と所得格差拡大、および超高齢・人口減少社会の進行もあって近年縮小傾向が続いているものの、依然76兆円規模にあり、その額は小さくはない。

自動車産業のみならずこれまでわが国の経済を支えてきた「資源輸入加工型産業」が凋落を見せるなかで、産業活性化に向けた新たな成長分野が模索されるようになった。新たな成長分野として「農業」や「環境」をキーワードとした新規事業開発・産業起こしの段階から本格的な産業システム化への胎動が始まってきている。確かに農業について見ると、追い風が吹いてきたとはいえ国内農業は依然として従来どおりの20世紀型システム（飼料・肥料原料等を海外からの輸入に頼る農業）に依存しており、わが国はいまだに国際穀物メジャーの安定的顧客と呼ばれている。しかしながら、資源の再生・循環を前提として展開される生命総合産業としての農業分野だけが、21世紀型産業のキーワードである「環境」を真にとらえ、環境分野の課題解決力を併せ持つ先端産業となり得る可能性が感じられる産業ではなかろうか。現在、農業分野には、異業種産業や食関連産業による参入が相次いでいる。これにはさまざまな形態があり、外食産業の直営農場や大手量販店の資本参加型農業法人設立、あるいは流通業界による農業法人組織化といった動きが活発化している。こうした動きも視野に入れつつ、これからの農業・農村の発展戦略を考えることが極めて重要だと考えている(注10)。

### ３）大型連合同士による熾烈な競争

さて、食品流通業界を見ると、食品卸の機能多様化とメーカーとの分業化が急速に進行している。大手食品卸の売上高を見ると、2012年度の連結売上高は、三菱食品（三菱商事系）２兆3,188億円（2013年３月期)、国分（独立系）１兆5,023億円（2012年12月期)、日本アクセス（伊藤忠商事系）１兆

6,214億円（2013年３月期）、伊藤忠食品（伊藤忠商事系）6,145億円（2013年３月期）、三井食品（三井物産系）6,347億円（2013年３月期）となっている（注11）。

こうした食品卸および商社は、大手量販店・コンビニエンスストア（CVS）を系列取引化しつつあり、こうした大型連合同士による熾烈な競争が繰り広げられている（**図1-2**）。また、海外産地を巻き込んだ「食品グローバル化戦略」はすさまじい勢いで進行している。

こうしたなかで系列化・グループ化による合理化・流通コスト削減による効率化を最優先としたアウトソーシング機能・パッケージセンター（PC）機能を持つ「巨大物流センター」が出現している。量販店や百貨店などでも自社の物流センターをアウトソーシングして、商社の巨大物流センター網の傘下に入るものが増えている。

農産物・食品についても、食肉、魚介類、乳製品等をまとめて巨大流通センター内ですべて一括管理し配送するシステムが構築されてきている。商社では生鮮品のみでなく、総菜や給食といった中食の商品も取り扱っていることから、例えばセンターに持ち込まれた野菜はすべて無駄なく何らかの用途に使い切ることができるというメリットが生じている。こうしたことが結果としてもたらすフードシステムにおける流通構造変動は、従来の卸売市場を中心に組み立てられてきた制度や仕組みを根底から変えてしまうことに注意を払う必要がある。例えば卸売市場については、農林水産省が2011年４月から実施した第９次卸売市場整備基本方針を策定するため、2009年10月に「卸売市場の将来方向を検討する研究会」を設置し、消費実態の質的変化・需要の縮小、小売業者・産地の大規模化に伴う取引の変質といった環境変化に対し、卸売市場の対応の検討を急いだ理由もこうしたことにあった。

このことは、黒澤氏（注12）が指摘しているように、これまで大手量販店（GMS〈ゼネラル・マーチャンダイジング・ストア〉：総合スーパー）の巨大化とともに進行・拡大してきた、川下（GMSサイド）による川上（農業生産サイド）へさかのぼる支配力の衰えを意味する。GMS形態の店舗売上

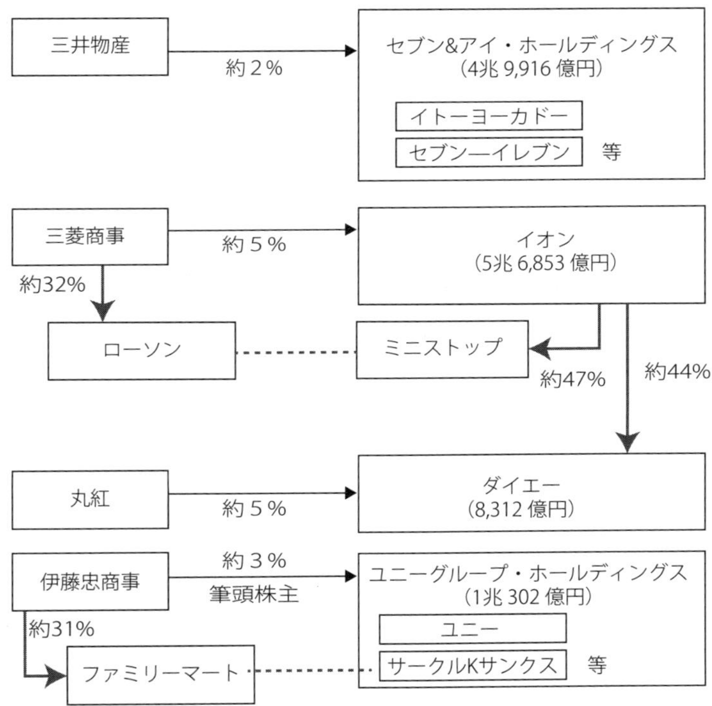


**図1-2　商社と大手小売業の提携状況**

資料：黒澤賢治「〈論説〉地域資源を商品化し地域産業をコーディネートするJAの役割――JA甘楽富岡の「地域総ぐるみマーケティング戦略」」『JA総研レポート』2009年冬、vol.12、（社）JA総合研究所、p.3ならびに2009年10月22日付『日本経済新聞』(朝刊)「伊藤忠、ユニーに出資」および各社の公表資料に基づき、著者作成。

注：→は出資。数字は比率(発行済みベース)。（　）内の数字は2012年度（2013年２月期）の連結ベースの営業収益。……は提携や協力などの関係を示す。

＊2014年10月31日、ローソンは高級スーパー「成城石井」を完全子会社化した。

＊2015年10月15日、ユニー・ホールディングスとファミリーマートは2016年9月の経営統合に向け基本合意したと発表。

高が減少を続けるなかで、むしろ巨大物流センター網を擁する商社等といった川中の支配力が高まりつつあるという意味で、川中による川下・川上双方への流通支配力が強まってきているといえよう。元来、卸売市場が、集荷・分荷機能を有し、セリ等による価格発見機能を武器に物流・商流・情報流の枢要なポジションを占めていた。ところが大手量販店の流通支配力が高まるとともに既存の卸売市場制度そのものに大きな揺らぎが生じた。

そして今日、規制改革推進会議の卸売市場等の見直しに向けた要求が出てきている。さらに進んで、巨大物流センター網を擁する商社等が流通の支配権を獲得しつつあると見ることができる。

わが国の高度経済成長とともに業容拡大してきたGMSが苦戦し、「GMS解体論」すらまことしやかにささやかれるようになる一方、食品スーパーやファーマーズマーケット（農産物直売所）は伸びてきている。食品スーパーなどでは中央卸売市場からの転送に依存しない地元の新鮮な農産物等をいかに品揃えできるかが、生き残り・差別化のポイントとなっている。地方卸売市場にとってはこうした需要にいかに積極的に応えられるかが生き残りのポイントとなる。安定的な契約農家などからの仕入れを積極化するなどファーマーズマーケットとの競合も予想される。

一方、続出する食品トラブル事案・事件が、食の安全性への不信の高まりを招いた。その結果、こうした消費者の不信感を払拭するため、ISO9000（品質マネジメントシステム）・ISO22000（食品安全マネジメントシステム）、あるいはHACCP（危害要因〈ハザード〉分析に基づく必須管理点）といった認証取得等が求められるようになり、それが、食品産業においては最低の義務となってきている。しかしながら、生産者・製造業者にはこうした認証取得・維持等のコスト負担は重くなる一方、必須事項として一般化したことで、それらの努力が商品のグレードアップや付加価値向上にはつながらなくなっている。こうしたなかで農業生産においてもGAP（適正農業規範〈農業生産工程管理〉）やISO9000の認証を取得することが求められるようになっている。こうしたコストの負担は中小規模の生産者・製造業にとって重荷となっている。

以上に加えて、どうしてもマーケティングに関連して強く意識しておかなければならない重要な環境変化が出現している。近年の情報革命がマーケティング環境へ与えるインパクトである。もちろんそれは生産・流通・消費のすべての側面で大きな影響を与えている。急速な技術の進歩によってスマートフォンや携帯タブレット端末などが普及浸透した結果、いつでもどこでも消費者の手元にインターネット環境が存在する時代が到来したことのインパクトは大きい。

こうしたなかで、インターネットショッピングと物流イノベーションの動向が注目されるようになっている。**表1-4**は、ネットスーパーなどのサービスの取り組みについてまとめたものである。

### 4）低下する卸売市場経由率

これまでわが国における、野菜、果物、魚、肉などの生鮮食料品等を円滑で安定的に供給するための基幹的な社会基盤（インフラストラクチャー）としての役割を担ってきた卸売市場についても重要性に変わりはないが、それが直面する課題について少しだけ触れておくことにしたい。

卸売市場は多種・大量の農林畜水産物などを効率的で、継続的に集荷・分荷する機能、セリ取引などで公正で透明性の高い価格形成をする機能など重要な役割を果たしてきた。現在、青果、水産物の6割程度が卸売市場を経由している（**表1-5**）。国産の青果物では約9割が卸売市場を経由するものの、卸売市場を経由することが少ない加工品や輸入品の増加などもあって卸売市場経由率は低下傾向にある。

### 5）消費者ニーズを的確に捉えたマーケット・イン

これまで見てきた環境変化は、概して、生産者、流通業者から見たものであった。当然、そうした変化は消費者と家計の変化が大きな要因となって生じたものでもある。先に産業連関表によるマクロの姿で、家庭内で調理する

**表 1-4　ネットスーパーなどのサービス拡充の動き**

| 企業名 | 主な取り組み |
|---|---|
| イトーヨーカ堂 | 2014 年春に旗艦店（東京・江東区の木場店）の受注能力を従来の 1 日 400 件弱から 2.5 倍の 1,000 件に拡大。今後は首都圏の各店でも受注能力を拡大し売り上げを 13 年度見込みの 2 倍の 1000 億円に |
| イオン | 近くに店舗がない場合でも同じ都道府県内であれば生鮮品も届ける広域型サービスのネットスーパーを 40 都府県から 45 都道府県に広げる計画 |
| ユニー | 2014 年度中に総合スーパー「アピタ」のほぼ全店で実施 |
| イズミヤ | 2014 年度中に実施店舗を現在の 13 店から 18 店に拡大 |
| マルエツ | 一部店舗で夜間配達の時間を延長 |
| アクシアルリテイリング | 新潟県のほぼ全域で当日配送サービスを開始 |
| セブン–イレブン・ジャパン | 国内約 1 万 6,000 店のコンビニエンスストアの店舗網を活用して、店舗の商品などを届けるサービスを拡充。 |
| セブン＆アイ | セブン＆アイは 2018 年度までに、全社が扱う 300 万商品を全 1 万 7000 店で受け取れるようにする。 |

出典および参考資料：「ネットスーパー便利に」『日本経済新聞』朝刊 2014 年 1 月 6 日付の表「ネットスーパーの取扱店舗やサービスを広げる動きが目立つ」を基に作成。

・「街の未来③ネット購入すぐ手元に」『日本経済新聞』朝刊 2014 年 1 月 4 日付：「店に行かなくても、必要なものをすぐ入手できるネット通販の実現はすぐそこまで来ている。」

・アスクルとヤフーは、2013 年夏、複数のネットショップの商品を一度に注文、当日にまとめて届けるサービスを始めた。「新サービスの拠点は埼玉県三芳町にあるアスクルの物流センター。延べ床面積 7 万 2 千平方メートルの施設には 7 万品目がそろう。（略）処理能力は 1 分間で 200 個。出荷準備までの所要時間は 20 分だ。」

・楽天もサービスを充実させるため、自社物流施設の整備に動く。2013 年 11 月に兵庫県川西市に 4 カ所目を竣工し、今後は全国 8 カ所に拡げる。

・セブン＆アイ・ホールディングス（HD）の村田紀敏社長は「ネット化が進むほど実店舗のニーズは高まる」という。セブン＆アイは 2018 年度までに、全社が扱う 300 万商品を全 1 万 7 千店で受け取れるようにする。セブンイレブンの一部店舗では空き時間に販売員が客の自宅に商品を届けている。今後、仕組みが整い、店舗に在庫があれば、注文から数分で受け取ることも可能だ。

・「特集　物流大激変　ヤマト、アマゾン『超速配送』の舞台裏」『日経ビジネス』日経ＢＰ社、2013 年 9 月 16 日号：「インターネットで購入したものが、その日のうちに家に届く。これまで東京など一部地域に限られていた当日配送が、大きく進化しようとしている。対象エリアが一気に拡大し、多くのネット通販業者も新たに取り組み始めた。放っておけばコストや手間が膨らむこの「超速配送」を、どう実現していくのか。宅配便の雄、ヤマトホールディングスは 2000 億円を投じて新たなインフラを構築し、企業間物流や製造業向けの巨大市場を本格的に攻める。ネット通販で独走する米アマゾン・ドット・コムはさらなる効率化に執念を燃やし、楽天やヤフー、アスクルなどのライバルも独自の戦略で果敢に追随する。多様な付加価値を取り込みながら、ヒト・モノ・カネを吸い寄せ始めた物流。その大激変のうねりは、東京での五輪開催が決まった日本の産業構造をも変容させる。」

・セブン＆アイとアスクルがネット通販事業で提携して生鮮品を宅配する新サービスを共同で始めることを 2017 年 7 月に発表。既存のネット通販事業でも連携し、セブンの通販サイト「オムニ 7」とアスクルのネット通販「ロハコ」で商品情報を共有する（『日本経済新聞』朝刊 2017 年 7 月 7 日）。

・ただし、こうした動きについては、近年、人手不足や労働時間規制の強化などからブレーキが掛かっており、各社は AI の活用から宅配ボックス設置までさまざまな対応を講じつつある。

**表 1-5　卸売市場経由率の動向（推計）**

| 品　目 | | 1989（平成元）年 | 2008（平成 20）年 | 2011（平成 23）年 |
|---|---|---|---|---|
| 青　果 | | 83.00% | 63.00% | 60.00% |
| | 野菜 | 73.80% | 85.30% | — |
| | 果実 | 45.70% | 78.00% | — |
| 水産物 | | 74.60% | 58.40% | 55.70% |
| 花　卉 | | 82.70% | 84.00% | 84.40% |
| 食　肉 | | 23.50% | 9.80% | 9.40% |

出典：農林水産省資料
資料：農林水産省「食料需給表」、「青果物卸売市場調査報告」等により推計。
注：卸売市場経由率は、国内で流通した加工品を含む国産および輸入の青果、水産物等のうち、卸売市場（水産物については、いわゆる産地市場の取扱量は除く）を経由したものの数量割合（花卉については金額割合）の推計値。なお、国産青果物の卸売市場経由率は約９割である。

「内食」の割合が２割を切って、「中食」と「外食」が８割を超え食料消費の主役となっていることを見たが、それをもう少し詳しく、ミクロの家計の姿を、総務省統計局の『家計調査年報』（二人以上の世帯）で見てみよう。

**表1-6**は、1990年と2013年の家計消費を比較したものである。バブル経済の崩壊以降のいわゆる「失われた20年」の変化である。デフレ経済の恐ろしい現実と世帯の規模縮小と高齢化、あるいは節約生活などの姿を垣間見ることができる。消費支出の減少以上に食料支出が減少しエンゲル係数も低下している。

家庭内で調理することが前提となる生鮮食品の購入量が激減している反面、弁当・すし（弁当）・おにぎりなどの主食的調理食品、サラダなど総菜、冷凍調理食品の増加が際立っている。

総菜や冷凍食品は、家事の簡便化をもたらし、共働き世帯などが増加するなかで消費金額を増やしている。質も向上している。24時間営業のコンビニエンスストアも全国に広がり、こうした調理食品を手軽に利用できるようになったことも大きい。また、単身者世帯も増加しており、世帯人員の減少もあって、食べたいものを必要な量だけ購入できる調理食品や保存が容易な冷凍・レトルト食品が消費者ニーズを的確に捉えていることは間違いない。

**表 1-6　家計における食料消費の変化**

| | | 1990（平成 2）年 | 2013（平成 25）年 | 増　減 |
|---|---|---|---|---|
| 集計世帯数（世帯） | | 7,976 | 7,784 | ▲192 |
| 世帯人員（人） | | 3.56 | 3.05 | ▲0.51 |
| 有業人員（人） | | 1.6 | 1.34 | ▲0.25 |
| 世帯主の年齢（歳） | | 49.4 | 57.9 | 8.5 |
| 消費支出（金額） | A | 3,734,084 | 3,485,454 | ▲6.7% |
| 食料（金額） | B | 1,030,125 | 895,860 | ▲13.0% |
| エンゲル係数（B/A） | | 0.275 | 0.257 | (▲0.018) |
| 米（金額） | 円 | 62,554 | 28,093 | ▲55.1% |
| 米（数量） | kg | 125.78 | 75.17 | ▲40.2% |
| パン（金額） | 円 | 26,122 | 27,974 | 7.10% |
| パン（数量） | g | 39,157 | 44,927 | 14.70% |
| めん類（金額） | 円 | 18,793 | 17,170 | ▲8.6% |
| めん類（数量） | g | 32,890 | 35,560 | 8.10% |
| 生鮮魚介（金額） | 円 | 77,979 | 45,117 | ▲42.1% |
| 生鮮魚介（数量） | g | 47,304 | 30,582 | ▲35.4% |
| 生鮮肉（金額） | 円 | 77,198 | 61,968 | ▲19.7% |
| 生鮮肉（数量） | g | 44,403 | 45,266 | 1.90% |
| 生鮮野菜（金額） | 円 | 80,103 | 66,297 | ▲17.2% |
| 生鮮野菜（数量） | g | 207,491 | 175,942 | ▲15.2% |
| 生鮮果物（金額） | 円 | 51,070 | 34,322 | ▲32.8% |
| 生鮮果物（数量） | g | 120,454 | 82,360 | ▲31.6% |
| 調理食品 | 円 | 79,719 | 105,033 | 31.80% |
| うち　主食的調理食品 | | 22,949 | 44,240 | 92.80% |
| 　サラダ | | 1,778 | 3,657 | 105.70% |
| 　冷凍調理食品 | | 2,908 | 5,964 | 105.10% |

資料：総務省統計局『家計調査年報』（家計調査・家計収支編・二人以上の世帯・年報・年次、〈品目分類〉１世帯当たり年間の品目別支出金額、購入数量及び平均価格）。
注：主食的調理食品とは、弁当、すし（弁当）、おにぎり・その他、他の主食的調理食品の合計。

2013年頃からは、少し高級で高額な食品や飲料をコンビニエンスストアなどで見かけるようになってきた。「節約疲れ」と呼ばれることもあるが、今後ドラスチックに進むと予想される富裕層と貧困層へのマーケットの二極化の先駆けとして捉えられることではないだろうか。

こうした消費者ニーズの変化や新市場の多様性を認識することが、「地域の農産物・農産加工品・地域資源」を活用し「地域を興す」ための柔軟な発想や的確な判断力を持つために不可欠である。

かつては、消費者ニーズに合ったものをどう作りどう売るかを考えるよりも、人口集中が進む大都市の消費増大に応えるため、農畜産物の産地化を図って卸売市場での有利な価格形成を図ることを目指す「プロダクト・アウト」的な志向が各産地の販売戦略の中心であった。

ただし、本来の「プロダクト・アウト」とは、生産した商品を大量の広告宣伝費を掛けるなど様々なセールスプロモーションを駆使して販売するマーケティング手法を指すわが国独特のマーケティング業界用語である。高度成長期の消費需要が拡大し続けた時代のマーケティングでは成功した重要な取り組みであったが、今日のように需要不足が顕著となっている環境のもとではそうしたマーケティングの効果は期待しづらくなっている。

このため、今日のように需要不足・デフレ経済環境にあるわが国のマーケティングでは、消費者ニーズの変化や、あるいは大企業には手を出しにくい隙間市場に活路を見出すなどさまざまな「新市場」に目を向け、生産を考えることが重要となった。これは農産物市場についても同様である。そこでは、作ってしまったものを「どうやって売ろうか？」ではなく、作る前に売り先を考え「売れるものを作る」のである。

こうした考え方が「マーケット・イン」という言葉に置き換えて理解されるようになっている。ただし、マーケット・インやプロダクト・アウトという言葉にこだわりすぎることは危険である。消費者・実需者が購入したいものを生産者が開発・生産し、その販売提案を実需者と消費者に行う「プロダクト・アウト」的な積極性を失ってはならないことは当然であって、いずれの考え方もマーケティングに不可欠だからである。なお、作る前に売り先を考え「売れるものを作る」ことは決して受け身の考え方ではない。生産者・JAが一体となって主体的に需要を開拓する強力なマーケティング活動である。あえて名付ければ「プロダクト・アウトを前提にしたマーケット・インの展開」と呼ぶことができるのではなかろうか[(注13)]。

## 3．JAの営農経済事業の限界とドメイン再定義

### 1）営農経済事業に関する内部環境の変化

上記で見た農業とJAを取り巻く外部環境の変化をどう捉えるべきであろうか。様々な考えがあるだろうが、やはりこれだけマーケティング環境が様変わりしつつある以上、これまでと同じようにJAの営農経済事業を展開したのでは、どれだけ努力したとしても販売金額を増やし、組合員の再生産価格の確保や生産者手取りを最大化していくことは困難なのではないだろうか。そしてまた、農業とJAに関する内部環境にも大きな変化が生じているのである。

それでは営農経済事業にとっての内部環境である農業生産者・組合員に生じている変化を見てみよう。

１つは、農業生産主体等の変化である。**表1-7**は、農林業センサスで1990年から2015年までの25年間の推移を見たものである。総農家数（旧定義の販売農家及び自給的農家）は25年間で43.8％減少し215万5,000戸、販売農家は55.2％減少し133万戸となっている。法人と法人化していないものの両方を含む、組織経営体（新定義）あるいは農家以外の農業事業体（旧定義）は集落営農組織が急増したこともあり大きく増加している。反対に農家から田植え・稲刈りなどの作業等を受託する事業体である農業サービス事業体（旧定義）は大幅に減少している。また、土地持ち非農家（旧定義）は大幅に増加している。統計に現れた集落営農の姿について留意すべき点が多いが、こうした農業生産主体の変化は今後とも進行し続けると言ってよいだろう。

とりわけ法人化している農業経営体数は増加している。増加した集落営農の法人化を含むこれからのあり方についても留意する必要がある。自給的農家は2010年の89万7,000戸をピークに2015年に82万5,000戸に減少しているものの、総農家に占める比重は年々増加している。

また、2009年12月に施行された改正農地法では、多様な主体による農業参

**表 1-7　農業生産主体および農地所有主体数の動向（全国）**

| | | 農地所有・農業生産主体 | | | | | 農地所有・非農業生産主体 |
|---|---|---|---|---|---|---|---|
| | | 【新定義】農業経営体（千経営体） | | 【旧定義】農家（千戸） | | | 【旧定義】土地持ち非農家（千戸） |
| | | 総経営体数 | 組織経営体 | 総農家数 | 販売農家 | 自給的農家 | |
| 実数 | 1990 年 | … | … | 3,835 | 2,971 | 864 | 775 |
| | 1995 年 | … | … | 3,444 | 2,651 | 792 | 906 |
| | 2000 年 | … | … | 3,120 | 2,337 | 783 | 1,097 |
| | 2005 年 | 2,009 | 28 | 2,848 | 1,963 | 885 | 1,201 |
| | 2010 年 | 1,679 | 31 | 2,528 | 1,631 | 897 | 1,374 |
| | 2015 年 | 1,377 | 33 | 2,155 | 1,330 | 825 | 1,414 |
| 増減率（%） | 90～95 年 | … | … | ▲10.2 | ▲10.7 | ▲8.3 | 16.9 |
| | 95～00 年 | … | … | ▲9.4 | ▲11.9 | ▲1.1 | 21.1 |
| | 00～05 年 | … | … | ▲8.7 | ▲16.0 | 12.9 | 9.5 |
| | 05～10 年 | ▲16.4 | 10.4 | ▲11.2 | ▲16.9 | 1.4 | 14.4 |
| | 10～15 年 | ▲18.0 | 6.4 | ▲11.7 | ▲18.5 | ▲7.9 | 2.9 |

出典：橋詰登「表 1-2　農業生産主体および農地所有主体数の動向（全国）」安藤光義編著『農業構造変動の地域分析――2010 年センサス分析と地域の実態調査』（JA 総研研究叢書 7）農山漁村文化協会、2012 年 12 月、p.37 を基に、2015 年センサス結果を加えた。
資料：農林業センサス 1990 年、1995 年、2000 年、2005 年、2010 年、2015 年
注：1）旧定義とは 2000 年センサスまでの定義、新定義は 2005 年センサスからの定義である。
2）農業サービス事業体数には航空防除のみを行う事業体を含まない。
3）増減率は原数値によるため、表から算出される数字と一致しないことがある。

入を促進していく観点から、農業生産法人以外の一般法人についても、賃借であれば、農地を適正に利用するなど一定の要件を満たす場合は、全国どこでも新規の農業参入が可能となったことによる影響も無視できないだろう。これまでのところ新規参入法人は食品関連産業や建設業が多い。

続いて、2015年における販売農家の家族労働力を年齢別農業就業人口で見てみると、年齢階層別で、15～39歳が14万1,000人（6.7％）、40～49歳が11万人（5.3％）、50～59歳が23万4,000人（11.2％）、60～64歳が28万人（11.2％）、65歳以上が133万1,000人（63.5％）となっている。また、販売農家の基幹的

**表 1-8　年齢別基幹的農業従事者数の推移**

（単位：千人、歳）

| | 平成７年(1995) | 12(2000) | 17(2005) | 22(2010) | 27(2015) |
|---|---|---|---|---|---|
| 15〜39 歳 | 198 | 134 | 110 | 96 | 86 |
| 40〜49 歳 | 350 | 271 | 181 | 121 | 92 |
| 50〜59 歳 | 517 | 400 | 382 | 310 | 202 |
| 60〜64 歳 | 477 | 367 | 280 | 271 | 242 |
| 65 歳以上 | 1,018 | 1,228 | 1,287 | 1,253 | 1,132 |
| 合計 | 2,560 | 2,400 | 2,241 | 2,051 | 1,754 |
| 平均年齢 | 59.6 | 62.2 | 64.2 | 66.1 | 67.0 |

資料：農林水産省「農林業センサス」

農業従事者数を年齢階層別に見ても、15〜39歳が８万6,000人（4.9％）、40〜49歳が９万2,000人（5.2％）、50〜59歳が20万2,000人（11.5％）、60〜64歳が24万2,000人（13.8％）、65歳以上が113万2,000人（64.6％）となっており、わが国の販売農家の農業が高齢者によって支えられていることがわかる。なお、農業就業人口は2005年の335万3,000人から2010年には260万6,000人、2015年には209万7,000人にまで減っており、この10年間で37.5％減少した。一方基幹的農業従事者数は同じく224万1,000人から205万1000人、2015年には175万4,000人と同じく10年で21.7％減少している（**表1-8**）。

以上は、センサスが捉えた全国の動きである。当然、こうした全国集計値では見落としてしまう地域差が存在するだろう。しかし、５年後、10年後を見通したときに、手をこまねいてはいられない深刻な実態が全国各地に広がっていることは想像に難くない。こうした実態がJAの営農経済事業に変革を迫っている。

「2015年世界農林業センサス」の「農林業経営体調査票」には、農産物の出荷先に関して「過去１年間に販売した農産物の全ての出荷先と、そのうち売上が最も多かった出荷先」を尋ねる設問がある。その結果は**表1-9**のとおりである。2005年農林業センサス結果と比較して見てみよう。

いろいろな読み方があるだろう。しかし、「出荷先」および「うち売上１位の出荷先」としての農協や卸売市場の地位が2005年から15年までの10年間

**表1-9　農産物の出荷先別農業経営体数**

| | 出荷先 | | | | うち売上1位の出荷先 | | | |
|---|---|---|---|---|---|---|---|---|
| | 2005年 | 2010年 | 2015年 | 増減(%) | 2005年 | 2010年 | 2015年 | 増減(%) |
| 農協 | 1,384 | 1,108 | 911 | ▲34.2 | 1,270 | 1,012 | 824 | ▲35.1 |
| 農協以外の集出荷団体 | 178 | 200 | 158 | ▲11.2 | 119 | 138 | 108 | ▲9.2 |
| 卸売市場 | 191 | 156 | 137 | ▲28.3 | 109 | 89 | 79 | ▲27.5 |
| 小売業者 | 113 | 107 | 104 | ▲8.0 | 64 | 63 | 59 | ▲7.9 |
| 食品製造業・外食産業 | 23 | 24 | 35 | 52.2 | 10 | 12 | 11 | 10 |
| 消費者に直接販売 | 327 | 329 | 237 | ▲27.5 | 128 | 152 | 110 | ▲14.1 |

資料：農林業センサス2005年、2010年
注：1）直接販売には自ら生産した農畜産物またはその加工品を直接店や消費者に販売している場合や、消費者と販売契約して直送しているものなどが該当する。
　2）増減率は原数値によるため、表から算出される数字と一致しないことがある。

**表1-10　農産物販売金額規模別農業経営体数の推移**

単位：経営体

| | 平成17年(2005) | 22（2010）年 | | 27（2015）年 | |
|---|---|---|---|---|---|
| | | | 増減率(%) | | 増減率(%) |
| 1,000万円未満 | 1,608,887 | 1,373,593 | ▲14.6 | 1,119,685 | ▲30.4 |
| 1,000万円以上5,000万円未満 | 137,092 | 118,117 | ▲13.8 | 108,547 | ▲20.8 |
| 5,000万円以上3億円未満 | 13,594 | 13,482 | ▲0.8 | 15,173 | 11.6 |
| 3億円以上 | 1,182 | 1,384 | 17.1 | 1,827 | 54.6 |

資料：農林水産省「農林業センサス」
注：販売なしの農業経営体を含まない。

で30％近くも低下していることについて、系統共販率の低下と併せて考えると、農業経営体と農協の営農経済事業との関係が今後もこれまでと同様と考えることはできない。例えば**表1-10**の農産物販売金額別農家経営体数の推移をみると、5千万円を界に10年間（2005年から2015年）で5千万以上の農業経営体数は1万3,594から1万5,173に増加しており、3億円以上の経営体数においては1,182から1,827に大幅に増加しているのに対し、5千万円未満の経営体数は軒並み大幅に減少している。これと関連して**表1-11**の経営規模別農業経営体数は50ha以上の農家経営体が大幅に増加している。100ha以上の経営体の増加率はすでに20ha～50ha未満層を凌駕している。

**表 1-11　経営耕地面積規模別農業経営体数の推移（都府県）**

（単位：経営体）

| | 平成17（2005）年 | 22（2010）年 | | 27（2015）年 | |
|---|---|---|---|---|---|
| | | | 増減率（%） | | 増減率（%） |
| 5ha 未満 | 1,899,393 | 1,564,727 | ▲17.6 | 1,262,058 | ▲33.6 |
| 5ha 以上 20ha 未満 | 51,634 | 59,838 | 15.9 | 64,428 | 24.8 |
| 20ha 以上 50ha 未満 | 3,119 | 6,492 | 108.1 | 8,107 | 159.9 |
| 50ha 以上 100ha 未満 | 459 | 1,165 | 153.8 | 1,537 | 234.9 |
| 100ha 以上 | 159 | 313 | 96.9 | 422 | 165.4 |

資料：農林水産省「農林業センサス」

早急な判断かもしれないが、以上のように急速な大規模化に伴う農家経営間の格差問題はますます深刻になる可能性が高い。とくに**表1-9**との関連から考察すると、大規模化に伴う現状にJAの対応が遅れている可能性は十分に推測できる。

やはりJAの営農経済事業にとって無視できない変化が生じていることは否めない。

また、農業経営体が取り組む農業生産関連事業の取り組みの状況にも変化が見られる。6次産業化への政策支援の流れもあり農産物の加工に取り組む農業経営体数は2005年から2010年の間に大きな進展が見られたが、2010年12月に「六次産業化法」（地域資源を活用した農林漁業者等による新事業の創出等及び地域の農林水産物の利用促進に関する法律）（平成22年12月3日法律第67号））が公布されるなど政策的支援措置があったにもかかわらず、2010年から2015年の結果をみると明らかに失速している（**表1-12**）。

とくに農産物の加工においてはその減少が顕著であり、JAの営農経済事業ではこの6次産業化の動きについてどのような対応を行っているのかについて気になる。なぜなら農産物加工とは生産から流通および商品開発までの総合力を要するため、本来農家個別では取り組みにくい分野である。05-10年までは「とりあえず簡単な加工だけすればいい」といった発想で急速な伸びを見せていたのではなかろうか。だが、加工した生産物の販売先の確保が困難であったのではないかと思われる。こうした困難や課題を補完すること

**表 1-12　農業生産関連事業の取り組み状況（全国、複数回答）**

単位：千経営体

| | 2005 年 | 2010 年 | 2015 年 |
|---|---|---|---|
| 農産物の加工 | 24 | 34 | 25 |
| 観光農園 | 8 | 9 | 7 |
| 貸農園・体験農園等 | 4 | 6 | 4 |
| 農家民宿 | 1 | 2 | 2 |
| 農家レストラン | 1 | 1 | 1 |

資料：農林業センサス 2005 年、2010 年、2015 年

ができるのはJAである。JAが真の意味で地域に根ざすとともに、主体的に６次産業化（農商工連携）に関わるためには、農産物加工を担う「人」の確保・育成が求められる。また、６次産業化は今後、JA間連携や、県連（都道府県段階の連合会等）および全国連（全国段階の連合会等）も含め、JAグループとして進める必要があるが、備えは十分になされているのだろうか。

2013年12月５日に東京・大手町のJAビルで開催されたJA人づくり研究会第18回研究会の報告者で、全国一の梅産地である和歌山県・JA紀南の中家徹会長は次のように指摘している。「６次産業化は、当初の発想は１次産業である農業者の立場からのものだった。しかし流れが変わり、川下の小売から『売れるものを作れ』と言われるようになるなかで、結局、儲けるのは消費地側となり、農業者は原料提供だけになってしまわないか。今後、われわれ生産者側から６次産業化やその商品作りについて川下に向かって積極的に提案していくことができるかどうかが課題である」

なお、この第18回研究会は、あらためて「６次産業」が提起された原点を振り返り、JA役職員の人材育成の必要性とともに、単位JA独自と異業種間連携という異なる視点での６次産業化の取り組みを考え、失敗しない（＝必勝する）６次産業化には何が必要か、が主要テーマであった。

### 2）営農経済事業のドメイン再定義

これまで見てきたように、外部環境が激変するだけでなく内部環境にも巨

大な変化が生じ、JAの営農経済事業はこの変化に対応しなければならない。

これほど大きな変化に対応するためには、単なる発想の転換や部分的改善ではなく、これまでの経験や常識をいったん捨て去って、まったく新しい柔軟な発想で営農経済事業の仕組みを組み立て直そうとする「発想のイノベーション（新結合）」が必要なのではないだろうか。

ところで耳慣れない言葉かもしれないが、「ドメイン（生存領域）」とは、経営学では、経営戦略論の中心テーマとなってきたものであり、「現在から将来にわたって、『自社の事業』はいかにあるべきか」を決定することとされている。ドメインの定義は、組織の「戦略の決定のための空間（戦略空間）を決めること」でもある(注14)。

伊丹・加護野（2003年）は「企業ドメインの決定は、企業が事業活動を行う領域の決定である。それによって、事業ポートフォリオ全体の性格づけが、『どんな分野で生きていくのか』という観点からなされる。」（p.109）としている。この場合の企業のドメインが「企業全体の事業活動分野」を意味するのに対して、「競争ドメイン」（競争領域）は「個々の事業の競争の場をさす」として両者を区別している(注15)。

本書では「ドメイン」について、この両者を厳密に区分していないが、JA全体を論じる場合には「企業のドメイン」（つまりJA全体のドメイン）を、営農経済事業の分野のドメイン定義においては「競争ドメイン」（つまりJAの営農経済事業のドメイン）を観念している。

このことは、第4章で論じる営農経済事業におけるバリューチェーンとマーケティングチャネル・ミックスを深く考える際に必要な概念であるので、伊丹・加護野（2003年）の「図3-2競争のドメイン」（p.86）を参考として引用しておこう。ただし、JAの営農経済事業を考える際には、これらをそれぞれのJAにおける生産資材購買から生産・流通・販売のバリューチェーン全体を念頭に「製品・市場の広がり」と「ビジネスシステムの広がり」を考える必要がある。

では、これまでJAの営農経済事業はどのようなドメインを定義してきた

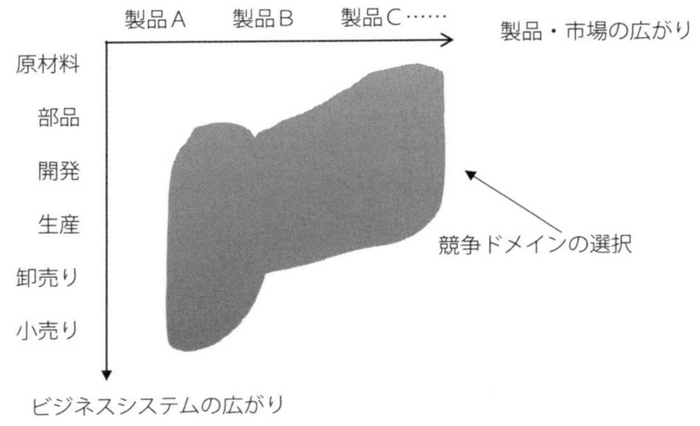


**図1-3　競争のドメインの概念図**

出典：伊丹敬之・加護野忠男著『ゼミナール経営学入門』第3版、日本経済新聞出版社、2003年2月18日、p.86。

のであろうか。例えば、**図1-4**は全国農業協同組合中央会が編集・発行する『私たちとJA　10訂版』（2013年２月１日、p.11）から引用した「JA事業と農家の活動とのつながり」である。

**図1-4**では「JAの事業活動」のなかで「農畜産物の共同販売」「加工・流通施設の設置」として示されている分野は、これまで農協共販（共同販売）と呼ばれる事業方式が主流であった。そこでは産地形成による出荷ロットの拡大と共選（共同選別）で卸売市場が要求する規格に合わせた農産物を卸売市場に出荷することに多大なエネルギーを注いできた。それが「有利販売」を目指したJAの「本業」であるとされていた。つまり、卸売市場への出荷が「共同販売」の中心であり、そのことがJAの営農経済事業のドメインであったのである。

では、営農経済事業のドメインを再定義する前提として、P. F. ドラッカーによる有名な「４つの問い」を使って考えてみることとしよう。とてもシンプルな次の問いである。

１．本業は何か？

２．顧客は誰か？

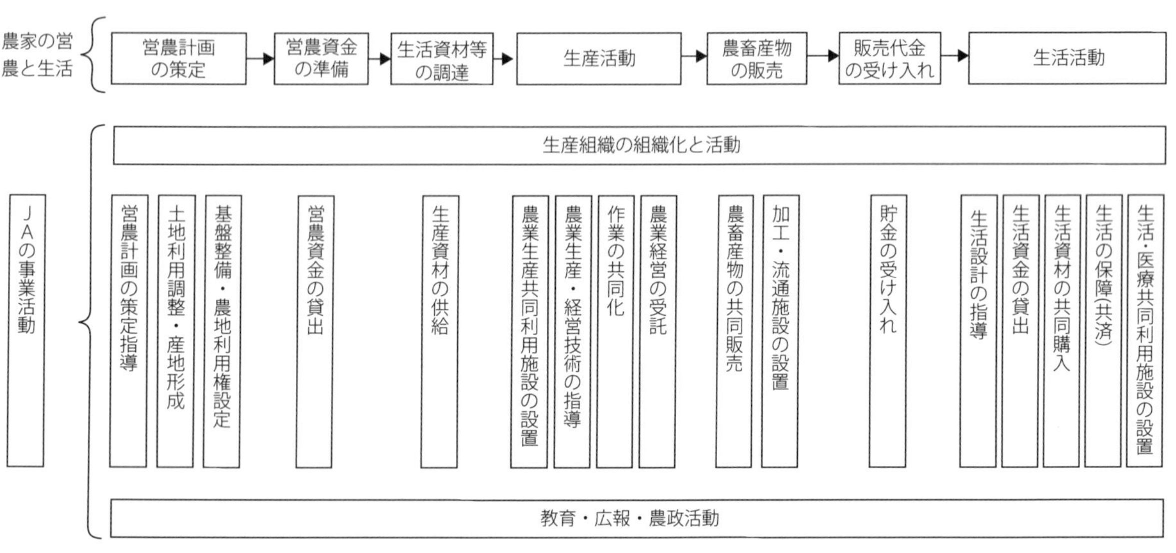


**図1-4　JA事業と農家の活動とのつながり**

出典：全国農業協同組合中央会編集・発行『私たちとＪＡ　10訂版』、2013年2月１日、p.11

３．顧客にとっての価値は何か？

４．本業はいかにあるべきか？

もちろん、協同組合組織の組合員は、企業の「顧客」とはまったく異なり、協同組合組織そのものの最も重要な構成要素（組織者）であり、さらには存在目的である。したがって、「顧客」という言葉に違和感を感じる方もおられるはずである。ここでは、「顧客」を「当該事業を利用する主要な組合員」という言葉に置き換えて考えてみることとしたい。なお、JAの営農経済事業は、購買事業と販売事業の２つで構成される。この販売事業が直接接する「顧客」には、例えば、卸売市場の卸売業者・仲卸業者やスーパーや生協のバイヤー、外食・中食企業、カット野菜業者、加工業者、食品メーカー、直売所やインターネット直販を利用する消費者などが含まれる。この販売事業に焦点を絞って考えると、「顧客」は農産物などの販売先の業者や消費者である。「組合員とJA」がこの「顧客」に対して、農産物・加工品と付加的な情報やサービスなどの「顧客にとっての価値」を提供することになる[(注16)]。

では、こうしたマーケティングの考え方を前提とした場合、JAの営農経済事業によって提供される「価値」をどう定義すべきだろうか。まず、JAがこれまで行なってきた事業・活動そのものが提供してきた「価値」とは、個別組合員の経済的利益の還元のみだったのかどうかである。仮にJAの事業・活動が提供してきた「価値」を経済的利益という視点のみで全て説明できるのであればその必要性はまったくないが、もし経済的利益以外〔非経済的利益〕を併せて提供しているのであれば、それらを総合した「価値」について改めて考えてみる必要ある。

ここで、この「利益」という概念が内包する「価値」の要素を、別の視点から「個々の価値」に分解すると、「顧客にとっての価値」、「組合員にとっての価値」、「JAにとっての価値」、その「相互にとっての価値」、および「JAが存在する地域にとっての価値」、またそれらがもたらす「国民にとっての価値」などとして認識することができる。その共通点はやはり利益のみの視点だけでは語れない。同時に利益なしでも成立しない。

なお、第４章では「インターナル・マーケティング」（組織内部に対するマーケティング）という概念を使ってJAの営農経済部門と組合員、営農経済部門と他の部門とのコミュニケーションを考えてみたい。

さて、「マーケティングが重要である」という言葉は頻繁に語られるが、多くのJAでは農産物のマーケティングを専門とする専門能力を持ったマーケターが不足している。

「マーケティング」とは、教科書的に言えば、「企業が、顧客との関係の創造と維持を、さまざまな企業活動を通じて実現していくこと」であり、「マーケティング・ミックス」とは「マーケティング、すなわち顧客との関係の創造と維持にあたって、企業が用いる手法や活動の総称、もしくは集合」で、一般的には次の４つのカテゴリー：４つのP（Product：製品・サービス、Price：価格、Place：販売先、Promotion：販売促進）――何を、いくらで、どこに、どのように売るかを総合的に考え、その取り組みのバランスの良否を検討することである。そして、「マーケティング・マネジメント」とは「内的に整合がとれているとともに、外部環境とも整合的なマーケティング・ミックスを実現するためのマネジメント」である。そして「設定したターゲット、コンセプト、ポジショニングに沿って、マーケティング・ミックスを策定するというのが、その基本である」とされる[(注17)]。

しかし、農業協同組合にとってのマーケティングでは、農業経営の「主体」を起点に考える必要がある。今村奈良臣・東京大学名誉教授による「P-SIX理論」では、マーケティング・ミックスの構成要素に主体の「意欲・意志」という人間的要素を加え、マーケティング・ミックスを「主体的条件」と「市場的条件」の両面から規定している。「主体的条件」にPromotion（やる気をおこさせる）、Positioning（立地を生かす）、Personality（人材・人物）――人材を増やす（マネジャー・リーダーを生かす）――を、そして「市場的条件」にProduction（作り出すこと・生産すること。Productは製品・製造物）、Place（販売先・販売チャネル）、Price

（価格）――売れるものを作る、売り方・売り先・売り場を考える、値ごろ感を設定する――を置いている。それらのそれぞれの位置づけと全体のバランスを考えたうえで、JAと農業経営者（生産者）が一体となったマーケティング戦略を立案することの重要性が明確になるフレームワークである。

### 3）連合会とJA

本書はマーケティングの基本単位として単位JAを想定している。そしてJAにおける農産物マーケティング戦略のドメインを「『組合員とJA』によって行われる営農経済事業のマーケティング」の中で再定義して論じるために選定した事例そのものが単位JAのものであるからである。とはいえ、現実的にはJAは単独で事業を行うばかりではなく、複数のJAが出資し設立した連合会とともに系統組織を形成している。基本的には市町村段階にある単位JA、都道府県段階で事業別に組織される連合会、そして事業別の全国段階組織によって構成される系統組織となっている。

例えば北海道は全国のJAの系統組織の中でも、古くから独自の事業形態を有してきたことで知られており、その中でもJA経済事業の連合会（以下、経済連という）であるホクレン農業協同組合連合会（通称：ホクレン）は全国の都府県段階にある経済連がJA全農（全国農業協同組合連合会）への統合という潮流にある中で、独自の位置を占めている。

1991年の第19回全国農業協同組合大会で決議された「事業二段、組織二段」の「系統農協再編」は、現在に至るJA組織・事業の方向を決定づけた大きな転換点であった。その中でも特に地域農業に強く規定される経済事業においては、経済連のJA全農との統合を基本方針としながらも、経済連の存置という方向をたどった地域も見られた[（注18）]。

そして、この組織再編から20年以上を経過した現在、JA全農と統合した地域は東北：全県、関東：全都県、中部：新潟県・富山県・石川県・山梨県・長野県・岐阜県・三重県、近畿：滋賀県・京都府・大阪府・兵庫県、中国・四国：鳥取県・岡山県・広島県・山口県・徳島県・愛媛県・高知県、九州：福岡県・長崎県の33都府県に及んでいる。他に県単一JAになった奈良県、沖縄県、香川県、島根県、また、一部組合が存置しているものの県単一JAに準じる組織へ移行した佐賀県、大分県がある。この結果、現在残っている経済連は、北海道のホクレン農業協同組合連合会、JA福井県経済連、JA静岡経済連、JAあいち経済連、JA和歌山県農、JA熊本経済連、JA宮崎経済連、JA鹿児島県経済連の８道県のみである。

これは規模の経済を実現するためには、当然の結果であり、生産資材や流通・加工の分野にまで進出している巨大な資本と対抗するためには、適切な措置だとみることができよう。だが、組織の統合にふさわしくきちんとした経済利益を得ているかということについては疑問がある。

また次節以降、事例として取り上げた２つのJAの事例はむしろ時代の流れとは違った形で、JA本来の「営農経済とくらし」に関する組合員ニーズに応える事業を両立させた形で価値実現（同時に総体的利益の実現）を図っている。

JA甘楽富岡は、５つの総合JAと１つの専門農協が合併し誕生したJAであるが、中山間地域にありそれほど大きなJAではない。また、JA富里市は設立以来、自治体が人口増加とともに富里村・富里町・富里市へと推移してきたが一度も合併をしたことのない未合併JAである。

この２つのJAの事例を検討する中では、JA経済連やJA全農（県本部）との関係が見えてこない。もちろん生産資材の購買や、卸売市場への出荷など販売で、あるいは食品加工業者・メーカーなどとの取引の中でJA経済連やJA全農の関与がある。だが当然JAとの関係性は非常に希薄であることは指摘できよう。これは、群馬県のJA甘楽富岡と千葉県のJA富里市は、首都圏の大消費地の近郊産地であることによるものであるかもしれない。

またそれは、JA全農と経済連を巡る組織の統合の動きが、地域の単位JAのあり方にまでは影響を及ぼしていないことを表していると言えるのではなかろうか。

ただし、本書が取り扱うJAの営農経済事業におけるマーケティングの議論においては、JA甘楽富岡の元営農事業本部長、そして元理事であり同JAの営農経済事業を創った黒澤賢治氏とJA富里市の元常務理事であり同JAの営農経済事業を創った仲野隆三氏の取り組みを理論化するという目的を持って執筆していることから、単位JAを基本とする枠組みを設定した。これは分析枠組みとして非常に有効であることは確かであるものの、今後、政府の「農協改革」、JAグループの「JA自己改革」が進められる中で、単位JAや単位JA同士のネットワークが行う経済事業と、それを支援するために存在するJA全農（JA全農県本部）と経済連などの連合会組織との関わりについても、考察し、正しく位置づける必要があるだろう（注19）。

したがって、連合会を含めたJAグループ営農経済事業のドメイン定義の再設定を行う場合には単位JAのドメインの再設定と併せて行う必要がある。

この連合会の営農経済事業に関するドメインの定義については、「第５章　新たな農業協同組合像の確立に向けて」p.165、で記したことをそのまま先に引用したい。

> 「……これまでのJAをめぐる議論は一般企業とは異なる様々な制約条件から脱皮し、一般企業並みのガバナンス体制をどう構築していくかということに焦点を合わせていたと思う。だが今JAに必要なことは、一般の企業との競合のなかでも、農業協同組合が持つ使命に対し、もう一度、自ら再確認を行い、生産から生活を幅広くカバーする販売・購買・信用・共済などの事業を兼営する総合JA組織として農業と地域を支える社会的基盤であることを認識すべきだ、ということであろう。
>
> それがいわゆる『真の意味での総合JA論』が持つべき事業（思考）のあり方であろう。また総合JAだからこそ、バランスが取れた事業展開を行うことができたわけである……。」

すなわち、経済事業改革が進む中で見失ってはならない「JAの使命」について、常にチェックし、そこに問題が生じたら直ちに必要な是正ができる仕組みを連合会自らが積極的に設けるべきだと考える。なぜなら連合会であるJA全農やJA経済連の仕事は、その設立当初からJAを補完・支援することがその役割であるとされている。このことはドメイン定義の再設定を行う場合にも変わりなく想定されるべきものである。

そもそもすべてのJAの営農経済事業が、成果があがる実現可能な販売戦略を独自に打ち立てる経営資源的な余裕や能力を有しているわけではない。大多数のJAでは仮にそれができたとしても極めて限定されたものになるだろう。

先に農業センサスの分析で見たように、農業経営者の階層分化が激しくなる中で、地域JAだけでは対応できない問題が山積しており、産地JAの対応には限界が見えている。均質化・平均化によって成立しているJAの限界はすでに明らかであり、早めに対応の手を打つべきであろう。

そこには連合会の役割が明瞭に存在する。事業・組織そのものが、産地のJAを補完・支援という機能を果たすことによってのみ成立しうる。したがって仮に、産地にぶら下がっているだけの組織だとすれば、その存在を支える基盤としての産地のJAがなくなってしまえば当然消えて行くことになる。

既存の経済事業に即して考えれば、都道府県の統一ブランド、全国レベルでのブランドの構築などの取り組みが行われている。また、施設の整備なども含めて単位JAが事業化しにくいものを、連合会とJAが共同で取り組むことなどより積極的に行っていくことが求められている。

JA全農では、2017年4月、元イトーヨーカ堂社長の戸井和久氏を、JA全農の販売事業改革を担う理事級役職であるチーフオフィサーとしている。

戸井氏は『日本農業新聞』(2017年11月3日付)のインタビューに答えて次のように述べている。

> 「全農の本所と県本部、JAが独立しており、本所からすると、県本部やJAが『お客さま』にとどまっているようにも見える。ターゲットとなる売り先や商品を明確にし、同じ目標に向かって一緒に仕事をする

『仲間』にしていかなければならない。本所でも米穀や園芸、畜産など縦割りになっている面がある。」、「卸に売ればいい、という認識も残っている。卸を否定するわけではないが、インターネット販売や外食・中食の比率が高まり、卸経由だけでは実需者ニーズを完全につかめない。全農自ら、実需者一つ一つに接近する必要がある」、「営業活動で吸い上げた実需者のニーズを基に、産地への作付け提案や全農ブランドの商品開発、インフラ整備などもしていく。営業開発部が売り先や商品を明確にし、実需者と全農の各部署や県本部、子会社、産地などを結び付ける“接着剤”に」などと語っている。

同様な考えは、ホクレンにもある。

しかし、JA自らもそうした思いを共有し、主体的に連合会との共同参画事業とするのでなければ、今度はJAが連合会に飲み込まれて、素材・原料供給者となってしまうおそれがあることを記しておきたい。

連合会のドメインを改めて定義するのであれば、JAの経済事業を如何に補完し、あるいはJAだけでは事業化しにくく組織存立に関わる問題についてどのように対応すべきかを早急に、農業協同組合の理念に照らしてより正しい解を見つける努力をすべきである。

次節以降、また必要に応じて連合会の役割について触れることにしたい。

## ４．組合員の総体的利益の最大化

これまで見てきたような直面する危機をJAが回避するためには、ドメインの再定義だけでなく、前述のとおり「発想のイノベーション」が必要だと考える。

またこのイノベーションでは、アメリカの新世代農協では「出資者と利用者の利益を合致させる」という分かりやすい論理を示したように、わが国のJAにおいても分かりやすい論理を中心軸に据えて出発する必要があるだろう。

なぜなら昨今の日本のJA組織における最大の危機は、「総合JA」として努力してきた「組合員の総体的利益の最大化」という役割・使命が持つ性格そのものが、なかなか実現しにくく組合員にとってそれを実感しにくい現状にあるからである。

ではここで、そもそも「総体的利益の最大化」とはいったいどのようなことを意味しているのかを、非常に重要な概念であるので、少し長くなるが説明しておこう。

組合員の「総体的利益の最大化」とは「はしがき」で少し紹介したが、改正後の農業協同組合法に照らし合わせながら説明してみたい。

農協法第７条第１項は、「組合は、その行う事業によつてその組合員及び会員のために最大の奉仕をすることを目的とする」と規定している。とくに「最大の奉仕」という規定は、組合（つまり農業協同組合とその連合会）が非営利団体であることを示す法律用語であり、消費生活協同組合法にも同様の規定がある。また、同じ意味で「直接奉仕」の規定が、森林組合法、水産業協同組合法、中小企業等協同組合法にある。つまりこの規定は、JAだけでなく広く協同組合組織の存立理由なのである。協同組合の目的は、株式会社のように「営利」（すなわち出資者〔株主〕に配当を行うこと）を目的とする営利法人企業とは大きく違うことを意味する。すなわち、いわゆる貨幣的な尺度のみでは、協同組合の積極的な存立理由を説明し切れない。

もちろん総合JAにおいても事業部門別には経済的利益を追求する経営的な手腕が問われる。赤字垂れ流しで事業継続ができないといった事態は許されないことは当然である。だが、JAが黒字経営を実現し組合員により多くの出資配当を行ったとしてもそれのみでは協同組合の目的を達成したことにはならない。これが営利法人企業と大きく異なることである。

本書はJAのマーケティングについて論じており、事業を行う以上、当然に「経済的利益の最大化」[注20]を目的にする側面を多く含んでいる。

しかしながら協同組合の本来の目的〈使命〉は、組合員の「経済的利益の最大化」とはならない。もちろん経済的利益を手段としつつ、あくまで組合員の「総体的利益の最大化」(注21) をめざすことである。

そのためにJAは、「経済的利益の最大化」という手段を用いつつ、本来の使命を達成することにつながる事業を如何にして進めるかを考える必要がある。

日本の総合JAはアメリカ新世代農協と違い、農産物の販売に特化しておらず、組織の事業利益が直ちに組合員の経済的利益と一対一で合致し対応することにはなりにくい。日本の総合JAの目的は、組合員の経済的利益の最大化に止まらず、暮らしの分野にまで幅広く関わっている。その意味から日本の総合JAとアメリカの新世代農協とは存在の目的となるミッションの部分で根底が明らかに違う。

つまり「総体的利益の最大化」という表現を用いた理由はまさにこの両者の差を厳密に区分する必要があったからである。しかしながら昨今のわが国のJA組織が直面する危機を乗り越えるためには、生産者の「経済的利益の最大化」が死活問題となっている。如何にして「総体的利益の最大化」と「経済的利益の最大化」を整合させていくかが大きな課題である。

さてここで、「組合員の総体的利益の最大化」の１つの手段として取り上げた「生産者手取り最優先のバリューチェーン」の構築とは何だろうかということについて考えてみたい。それは「経済的利益の最大化」と何が違うのだろうか。

簡単に言えば、「経済的利益の最大化」はあくまでも事業活動の「結果」として考慮されるべきものであり、協同組合組織の使命や目的として掲げるべきものは別にあるはずだからである。「経済的利益の最大化」は、あくまで「組合員の総体的利益の最大化」を図るための一連の事業活動の中で取り組むべき目標の１つにすぎない。

ではなぜこうした「組合員の総体的利益の最大化」が先で「経済的利益の最大化」が後といった順序の差がそれほど大きな意味を持っているのだろうか。

それはこれまでの日本の総合JAが辿った歴史的展開が、農村の「経済」と「くらし」を完全に分離できないままに来たことに起因する。別な言い方をすれば、そもそも分離できなかったのである。

このような現状を認識した上で議論を進めるのであれば、単純に組合員の再結束を図るために組合員の「経済的利益の最大化」を図ることがJAの役割・使命であるとは簡単に言えない。そうすることは「経済」と「くらし」を完全に切り離すことを意味する。そうしたならば産業としての農業は守れるかもしれないが、くらしの土台である農村地域は破壊的影響を受けることとなってしまう。そうなれば、やはり総合JAも生き残れないことになってしまう。だからこそ、単純に見える論理でもその順序が極めて重要なのである。

著者が考える戦略では、農業協同組合は、地域（「経済」＋「くらし」）を１つの単位として、①地域資源をいかに有効に活用できるか、また②いかにして組織の事業利益を地域に還元できるか、というロジックを組み立てることから出発しなければならないということになる。

この点に注意して、同じようなマーケティング論を展開してもそのプロセスまたは結果が変わってしまうのはなぜか、といったことを考えることが、これからJAの営農経済事業マーケティングの良否を考えるために不可欠な着眼点である[(注22)]。

さて、JAが「生産者手取り最優先のバリューチェーン」を構築し、生産者手取り価格を上昇させるためには、先に指摘したように、その前提になる条件として、JAの営農販売事業そのものにこれまで希薄すぎたマーケット・イン的な発想と戦略が重要である。つまり売り方の根本的な改革なしで、今の市場条件をありのままに受け入れて対応していては、いつまでもJAの営農経済事業そのものも赤字にならざるを得ない。JAの他の部門の収益から補填しながら「総合JA」における利用者の「総体的利益の確保」を叫んでも今の組織が抱える問題はなかなか改善されない。

今日のマーケティング諸活動の前提条件となる消費者・実需者ニーズの変

化を的確に捉え、既存の市場だけでなく、JAが提供する価値が最大限に評価される「新市場」の発見の努力を続けつつ、既存市場、新規市場といったさまざまな市場のニーズに対応した生産活動を行う必要がある。つまり生産した農産物を「どうやって売ろうか？」ではなく、「売れるものを作る」という当たり前の発想が是非とも必要なのである。

同時に、現在のJAにおいて「できていない現実」への犯人捜しや非生産的な批判を一先ず止めて、なぜできていないのかについて真剣に分析し深みのある考察をしておく必要があるだろう。そうしない限り今の日本の農業協同組合そのものの根底に横たわる本質的な問題は改善できないからである。

以上、考察したように、JAを取り巻く環境は年々厳しくなっている。しかしながら環境変化に対応し、JAのあるべき姿としての理念や指針を求めようとしても、確信をもって皆が納得できるものを描くことはますます難しくなっている。時代を超えて示すべき理念や指針といったものは、多様化した資本主義経済においてはむしろ混乱を来している。資本主義経済の変転の激しさ複雑さとは逆に、いわば単調と思われてきた日本の農村やJA(注23)ではあるが、実際は非常に多彩であり、複雑さを増してきている。単純に１つの理念や指針といったものだけでは纏めきれない現実がある。

次からの第2章と第3章は、この第1章で言及したマーケティング理論の農業・農村への無差別的適用の問題、とくに「経済的利益の最大化」のみを目指すというマーケティング理論の無知から生じるずれを修正するために、著者が考える最適事例を取り上げ、その取り組みを考察していくことにしたい。

そこで第２章ではJA甘楽富岡、第３章ではJA富里市を取り上げることとする。この２つの事例を選んだ理由としては、まず既存の卸売市場体系における共販の枠を超えて、地域独自な販売戦略とその実践の仕組みを開発していることにその共通点が指摘できる。

一方、その取り組み自体は、難しい戦略かつ偏った事業展開ではなく、地域資源を生かしながら、組合員の総体的利益の最大化を達成していることに共通点を持っている。いわゆる地域資源の最適配分を達成していることである。さらに最適配分は既存の流通体制の範囲での実現ではなく、地域の農業生産力を維持しながら既存の流通体制の限界を自ら超えていく過程を経験し今日に至っていることである。

したがって第2章と第3章を踏まえて新たなJA営農経済事業すなわちイノベーション戦略論（農産物マーケティング論）という視点から考察を行いたい。

**注**

（注1）「認定農業者」とは、農業者が農業経営基盤強化促進法に基づいて策定される農業経営基盤強化促進基本構想に示された農業経営の目標に向けて、自らの創意工夫に基づき、経営の改善を進めようとする計画を市町村が認定し、これらの認定を受けた農業者のことである。国は認定農業者に対して重点的に支援措置を講じることとしている。

（注2）「農畜産物の販売……実践的な能力を有する者」とは、農畜産物のマーケティングに関する専門知識や実務における実践的な能力を有する者や経営者として実践的な能力を持つ者である。「農業協同組合法等の一部を改正する等の法律案」の提出理由には、「農業の成長産業化を図るため」、農業協同組合の「事業の執行体制の強化」の措置を講ずる必要があると書かれている。

（注3）「支配構造（Corporate Governance）に関わる問題」とは、通常、企業内の意思決定システム、取締役会および監査の役割と機能、経営者と株主との関係などで発生する問題を総称する。

「フリーライダー問題（Free Rider Problem）」とは、協同組合は営利企業と違い、原価主義経営と理事会による民主的経営を行うが、何らかの理由によって組合員と理事会の間に軋轢が生じ、経営が失敗した場合に発生する問題である。出資者としての利害と利用者としての利害が一致しなくなったときに、出資するよりも利用することだけを求めがちな組合員または非組合員の生産者（フリーライダー）が発生する。これは、営利企業と違って強い統制が働かない協同組合において発生しやすい。

「期間問題（Horizon Problem）」とは、組合員の高齢化に伴う問題である。高齢組合員は、今後の期待できる事業期間が短いため、利用者便益よりも、投資家の立場に近い利益を優先する。したがって長期でかつ固定的な投資を好まない。内部留保より現金での配当の拡大を要求することになる。高齢組合員の割合が高くなると、理事会と経営者はこうした要望に応えるために、非組合員を対象とする収益事業を拡大するようになり、様々な問題が生じる。

「リスク回避問題（Portfolio Problem）」とは、組合員が自分の出資金を守るために、協同組合の投資について消極的な態度を示す傾向を意味する。したがって収益が低くても、信頼性の高い事業に投資するように力を行使することになる。最終的には長期的な投資にも消極的になる。

「代理人問題（Principal-Agent Dilemma）」とは、統制権を委任された経営者が理事会と組合員の期待に反する行動をしている場合に発生する。代理人の問題は、基本的に情報の非対称性の問題から始まる。これは、経営者が意図的にビジネスおよび経営情報を組合員と共有しない、または理事会が専門性の欠如から経営情報を十分に理解していない場合に生じる問題である。

（注４）Cook, M. L.（1995）"The Future of U.S. Agricultural Cooperatives: A Neo-Institutional Approach", *American Journal of Agricultural Economics*, Vol. 77, No. 5, 1153-59, 1995. 、Michael L. Cook and Leland Tong（1997）"Definitional and Classification Issues in Analyzing Cooperative Organizational Forms", in Cooperatives: Their Importance in the Future Food and Agricultural System, FAMC 97-1, ed. by: M. Cook, R. Torgerson, T. Sporleder and D. Padberg, January 1997. を参考に著者の見解を交えて整理した。なお、日本語の文献として、大江徹男（2000年）が参考になる。以下の（注５）に関係部分を抜粋引用させていただいた。

（注５）大江徹男「アメリカにおける農協の新たな展開―新世代農協を中心として―」『フードシステム研究』第７巻（第２号）、2000年12月、pp.92-103、筑波書房。同書p.98「新世代農協は、まず何よりも農産物加工を第一の目的として設立されている。その目的を達成するために、新世代農協が導入しているのが、①組合員数を一定程度に限定するclosed membership制度、②契約の導入と出資と出荷権（delivery right）とのリンク、③出資（持分）の譲渡性、④自己資本の強化等の諸制度である。また、出荷権は農協利用を規定するため、出資は利用高配当にも連動することになり、最終的には出資者の利益と利用者の利益が合致する。なお、農協は組合員と拘束力の強い契約を結んでおり、出荷は権利であると同時に、義務という性格を持っている。」

同書p.98「出資者としての利害と利用者としての利害を合致させ、農協利用から十分な利益を期待している生産者に積極的に出資させるインセンティブを導入している。農協への出資によって十分な利用高配当を期待できると予想すれば、生産者は投資にも応じるであろう。同時に、出資よりも利用に特化しがちな生産者のフリーライダーに歯止めをかけられる。もちろん、このような制度を機能させるには、農協に対する投資の期待収益が機会費用よりも高いことを生産者に納得させることが前提となる。」

同書p.101「端的に言えば、新世代農協の意義は、これまでの利用中心の農協から、closed membership制度や出資と出荷権（義務）とのリンク等の新しい仕組みの導入によって、出資と出荷において生産者の積極的な関与を促す点にあると考えられる。また、これらの諸制度が既存の農協が抱えている組織的脆弱性を克服し、積極的な事業展開を実施する際にも機能するものと期待されている。」

（注６）農文協編『農協准組合員制度の大義─地域をつくる協同活動のパートナー─』農文協ブックレット14、2015年９月25日、pp.49-50、は次のように書いている。

「ところで、欧米では、1990年代以降、農産物市場が買手市場化するなかでフードチェーンにおける付加価値を可能な限り生産者に取り込むための仕組みとして新たな農業協同組合（新世代農協）が誕生し、かかる協同組合を支えるための法的環境が整備されてきた。仮に農業の成長産業化を言うのであれば、むしろ新たなタイプの農協組織をバックアップするような法的枠組を検討することこそが重要であろう。もっとも、農業者側にかかる組織化のニーズが存在しないところでは、法律を整備したところで意味がないのは言うまでもない。

法律をもって実態を変えようとするのは、本末転倒であり、農協に今求められているのは、組合員とミッションを共有し、農業者を含め、地域にとって不可欠な存在になることであろう。」

（注７）事例で取り上げた２つのJAは、単純にある市場に合わせた「選択と集中」といった選択ではなく、自分たちの生産力を元に市場を選択していった新たな市場対応の可能性を実践しているJAと言えよう。既にクックの仮説の第５段階に差し掛かっているJAにとって、クック仮説の第４段階に掲げられている戦略代替案とは別の戦略代替案が存在し、そうした新たな選択が可能であることを示したことは、アジアの多くの農業協同組合のあり方にも大きな意義を与えていると考える。

（注８）今村奈良臣『私の地方創生論』農山漁村文化協会、2015年３月20日、今村奈良臣・黒澤賢治・髙橋勉『JAの組織、機能、人材育成とその配置、そして必勝体制はいかにあるべきか』JAづくり研究会、2013年９月20日。

（注９）主要企業10社の売り上げである。トヨタ自動車（22兆641億円）、日産自動車（９兆6,295億円）、ホンダ（四輪車事業）（７兆7,092億円）、スズキ（四輪車事業）（２兆2,978億円）、マツダ（２兆2,052億円）、三菱自動車工業（１兆8,151億円）、富士重工業（自動車事業）（１兆7,789億円）、ダイハツ工業（１兆7,649億円）、いすゞ自動車（１兆6,555億円）、日野自動車（１兆5,413億円）の計10社の各社有価証券報告書より作成。出典:「業界動向サー

チ」（http://gyokai-search.com/3-car.htm）による。

（注10）黒澤賢治「〈論説〉地域資源を商品化し地域産業をコーディネートするJAの役割―JA甘楽富岡の「地域総ぐるみマーケティング戦略」」『JA総研レポート』2009年冬、vol.12、（社）JA総合研究所。

（注11）出典：各社Webサイトの「会社案内（事業概要）」等による。

（注12）注10の引用文献。

（注13）わが国の高度成長期、インフレの時代には、例えば野菜の生産が需要の拡大に追いつかず、むしろ野菜生産出荷安定法（昭和41年法律第103号）が制定されるなど消費者物価安定（インフレ抑制）が重要政策であった。また食糧管理法の下で米は、当初、生産者米価が定められ生産量の全量を政府が買い入れる制度であった。こうした中では、生産者は消費者ニーズをそれほど意識せず、生産に専念することができた。しかし、生産過剰〔需要不足〕の時代が到来し、かつてわが国の消費財メーカーが、大量生産・大量消費を可能にした高度経済成長が低成長へと急転した中で、「プロダクト・アウト」から消費者が本当に必要としているものは何かを見つけ出し売れるものを生産する「マーケット・イン」へとマーケティングを転換したのと同様に、農畜産物生産についても、食糧管理法の廃止など農業政策が激変する中で「マーケット・イン」が強く意識されるようになった。

とはいえ、農畜産物の生産には工業製品の生産と異なる地域性・適地性などの生産条件があること、また、消費者はまだ見たことも食べたこともないもの――例えば、ある地方の食文化として保持されてきた伝統食など食べたことがなく存在を知らないもの――は、新たな需要開拓を生産者側から仕掛けない限り、需要として顕在化しないことなどを考えると、単純なマーケット・インを目指すだけでなく、いわば「プロダクト・アウトを前提にしたマーケット・インの構築」が必要ではないかと考える。

例えば、茨城県の行方市と潮来市の２市にまたがるJAなめがたの管内中央部は火山灰土からなる傾斜畑地帯で、サツマイモの生産が盛んな地域である。JAなめがた甘藷部会連絡会は、2017年３月には第46回日本農業賞では集団の部で大賞を受賞し、2017年11月の平成29年度農林水産祭では天皇杯を受賞している。著者が2017年10月30日にJAなめがたを訪ねた際、代表理事組合長の棚谷保男氏や営農経済部部長の金田富夫氏から「当JAでは、サツマイモを売っているのではなく、焼き芋を売っているのです」という言葉を聞いた。単にサツマイモを農産物という原料や素材として売ることだけではなく、最終消費者が欲する「商品」を想定した生産・販売を行っている。10年以上も「おいしい焼き芋」を本格的に研究し、ブランドサツマイモ「紅優甘（べにゆうか）」を中心に３品種リレーによる周年出荷体制を構築して生産し、ほっこり系の焼き芋やしっとり系スイーツのような焼き芋などになる最適な焼き時間（貯蔵芋と新芋、デンプン含有量、芋の大きさで異なる）を科学的に見つけ出し、そのデータに基づきスーパーマーケットの店舗内で最適な焼き芋を焼く装置を開発して売上を伸ばしている。生産から販売まで一気通貫で、JAなめがたのサツマイモのブランド力強化と農家所得向上を実現している。これは単なるマーケット・インという言葉で片付けられるものではない。

マーケット・インを誤解し、何としてでも生産者が生産したものを売り切ろうと真剣に考えプロモーションの努力を続けるプロダクト・アウトの側面を完全否定することになると、これまで生産適地として築き上げてきた従来の農業生産基盤や技術、さらには地域の個性をも失いかねない。地域の強みを増すことにもならず、結果的に地域にとって大きな打撃をもたらし、回復には大きな代価を払うことになる。

(注14) 石井淳蔵・奥村昭博・加護野忠男・野中郁次郎『経営戦略論［新版］』有斐閣、1996年４月10日、p.9、さらに章末の注pp.77-78、p.90の引用参照。

(注15) 伊丹敬之・加護野忠男著『ゼミナール経営学入門』第３版、日本経済新聞出版社、2003年２月18日、pp.109-113〔競争ドメインと企業のドメインに関する記述〕、pp.84-91〔競争ドメインに関する記述〕。

(注16)「顧客にとっての価値」という言葉を使う理由を説明しておく必要があるかもしれない。マーケティングの考え方では、「価値」は顧客自身がその商品・サービスを評価し決定するものである、という前提を共有している。つまり、供給する側（供給者）が商品・サービス〔という「便益の束」〕を通じて提供しようとする「価値」に対して、需要する側（需要者）＝顧客がその「価値」を評価しないとすれば、「価値」そのものが存在しないと考える。したがって、供給者は自らが提供する商品・サービス〔という「便益の束」〕を適切に評価しその「価値」を認めて購入してくれる顧客を見つけ出す必要がある。そしてその顧客が求める「価値」を商品・サービス〔という「便益の束」〕を通じて提供するためにどうすべきかを考えるのがマーケティングの基本原則である。

(注17) 石井淳蔵・栗木契・嶋口充輝・余田拓郎『ゼミナール　マーケティング入門　第２版』日本経済新聞出版社、2013年、p.32。

(注18) 小林国之「第４章　ホクレン販売事業にみる経済連の組織機構と機能」吉田・柳『日中韓農協の脱グローバリゼーション戦略――地域農業再生と新しい貿易ルールづくりへの展望』農文協、2013年３月、pp.64-65。

(注19) 小林国之「第４章　ホクレン販売事業にみる経済連の組織機構と機能」吉田・柳『日中韓農協の脱グローバリゼーション戦略――地域農業再生と新しい貿易ルールづくりへの展望』農文協、2013年３月を参照されたい。

(注20) 経済的利益の追求のみを目的とするのであれば株式会社になれば効率的だ

ろう。そうではなく協同組合としての立場を堅持しつつ、現実的に経済的利益を追求していくことで農業生産基盤の崩壊を防ぎ、また同時にJAの存立基盤を維持するからこそ、JAの存在理由がある。したがってこうしたことを含意した言葉であることを前提として、利益の最大化という表現を用いる。

(注21) これも経済的利益の最大化と同じ概念を用いた特殊な用語であるが、組合員の立場に立てば経済的利益の確保は最優先事項である。だが、それだけを追求するのであればJAの歴史的使命が終わったと認めることにつながることは自明である。総体的利益とは、直ちには経済的利益に還元されない助け合い、くらし、また共通の地域基盤の維持をも含む経済的利益と対等な「長期的な意味での経済的利益」であることを認識すべきである。また総体的利益とは、個別の利益としての意味合いとしてではなく、組合員の利益の総和であり、JAという組織基盤の存続を前提とする視点である。これは、①個別の組合員〔格差を認める〕、②組合員の全体〔個別の組合員の格差を認めた上で個別組合員利益の総和を最大化する〕、③JA〔個別の組合員利益の総和の最大化はJA組織の利益に繋がる〕という、組合員・組合員全体・JAの３者の総体的利益を目指す視点を有している。

(注22) 著者らのロジックは第２章と第３章の事例分析を通して明らかにする。

(注23) 武内哲夫・太田原高昭『明日の農協：理念と事業をつなぐもの』農山漁村文化協会、1986年、においてそう描かれている。

# 第2章

# 「総合産地マーケティング」で地域農業を再生
## ―強い農業を創るJA甘楽富岡の営農戦略―

小川 理恵

## 1．はじめに

見渡す限りの広大なコンニャク畑。まるで北海道の農村地域と見紛うばかりの壮麗な景色が眼前に広がっている。

群馬県JA甘楽富岡。かつては養蚕とコンニャクの一大産地であり、ピーク時の1980年代初頭には、年間約80億円の販売高を創出していた。しかし、輸入自由化の進展のなかでその２大柱が崩壊し、1989年には農産物の総販売高が10億円にまで落ち込んでしまう。特に養蚕の衰退がすさまじく、荒れ果てた桑園跡地は遊休農地化し、その面積は約1,300haにまで上った。

1994年に１市２町１村を管内とする大規模合併によって発足したJA甘楽富岡は、蚕糸農協が抱えていた５億円もの繰り越し欠損金を背負った厳しいスタートを余儀なくされた。

危殆に瀕した新生JA甘楽富岡の船出であったが、合併を機に、少量多品目・周年出荷型の総合的な産地として見事に生まれ変わり、地域農業の再生を実現させたことで全国的にも名高い。現在の農畜産物の総販売高は合併時を大きく上回り、東日本大震災の影響が色濃く残り、甚大な大雪被害にも見舞われた2014年度でさえ、67億4,200万円という数字を計上している。冒頭で紹介したコンニャク畑は、手つかずであったかつての桑園を開墾し、大規模農地に造成し直したもので、JA甘楽富岡が積み重ねてきた営農努力の１つの証でもある。

どのようにしてJA甘楽富岡は地域農業の立て直しを果たしたのか。その道のりには、JAグループ全体が創造的自己改革の実現に向け勇往邁進する、農を軸にしたJA運営を再構築するための多くのヒントが隠されているはずである。

そこで本章では、「農家の手取り最優先」を大原則に据えた、「総合産地マーケティング」というJA甘楽富岡独自の営農戦略について、同JAの元理事・元営農事業本部長の黒澤賢治さんへのインタビューと現地調査を基に、詳しく紹介することとしよう(注１)。

## ２.「地域総点検運動」で農業の生産体系を再構築

管内の多くが中山間地に位置し、米生産にも適さないこの地域では、狭小な農地を利活用した養蚕とコンニャク加工の組み合わせにより、年間を通じて現金収入を得てきたという長年の歴史がある。そのため、1980年代後半に顕著になった２つの基幹作目の産地崩壊は、JAのみならず地域全体に及ぶ共通の問題意識となっていた。

関係機関が危機感を共有するなか、JA合併は地域農業再生への１つの突破口であり、新しいJA像を諮るため、旧JA・商工会・市町村等による「甘楽富岡農業振興協議会」および「営農連絡会」が設置された。協議会や連絡会では、いかにして地域農業を復興させるか、さらに復興を後押しするための営農事業体制をJAのなかにどのようにして創るかということが、徹底的に議論された。そのようななか、1994年３月、富岡市および甘楽郡内の５つのJAと１つの専門農協が合併して、JA甘楽富岡が発足したのである。

合併直後の1994年９月、地域農業の再生に向け、新生JAが第一に取り組んだのが「地域総点検運動」であった。「地域総点検運動」は、特産物・生産物などの地域資源、多様な組合員などの人的資源、そして伝統食や行事食など文化的な背景にいたるまで、地域に関わることのすべてを洗い出し、新たなスタートの基礎にしようというものである。情報収集のために、JAの支所を単位として、21ブロックで、組合員に向けての「意向調査」と「事業別アンケート調査」を併せて実施した。

特に重点を置いたのが栽培品目の見直しである。今、地域ではどのようなものがどれだけ生産されているかに加え、なんと50年前にまで遡って、地域で生産されていたものすべてを丹念に調べ上げた。すると、これまで養蚕やコンニャクの陰に隠れていた地域由来の農作物が、数多く発掘されたのである。そしてそれらのデータのなかから、現在生産可能な作目を選び出し、そのリストを基に、108品目からなる、多様かつ周年的な栽培メニューを作成した。

次に取り組んだのが、人的資源の洗い出しである。地域の農家組合員を、「販売農家」「自給型農家」「土地所有型農家」の３種類に分類し、販売農家に加えて、108品目の栽培メニューに対応できる新たな人材がいないか検討を図った。すると、これまで表舞台に登場してこなかった非販売農家の女性や高齢者の存在が浮かび上がってきたのである。そこで彼らを「潜在的な販売農家」と位置付けて名簿を作成し、名前があがった一人ひとりをJA職員が個別訪問した。そして108品目の栽培メニュー（「営農提案推進」リスト）を提示して、そのなかから好きなものを何品か、まずは自給の延長で栽培してもらえないか、JAの総力をかけて丹念に招請を行っていった。そんな地道な働き掛けを積み重ねた結果、「少量多品目生産」へ取り組み可能な、新たな販売農家が多数誕生した。

生産能力の高い大規模な販売農家と、新規に発掘した少量多品目生産の販売農家を農業生産力の柱とし、大規模な販売農家は、基幹作物を重点的に栽培する一方で、中小規模農家や新規の販売農家は、管内の120m〜940mという標高差を活用して、「少量多品目」の農作物を「リレー栽培」で「周年生産」する。当地の地理的特性を逆手に取った、新たな生産体系の基礎ができ上がった。

## 3．組合員の多様性を武器に、独自の営農戦略を展開
## —「４プラン・４クラス・５チャネルマーケティング」

顕在化した栽培作目や人的資源といった「地域力」のデータは、JA・市町村・普及センターにより構成された「甘楽富岡農業振興協議会」が集約し、それを基礎として「ベジタブルランドかぶらの里農業振興計画」が策定された。

そして、この振興計画を基に、再編成された農業者の「多様性」を武器とした、総合的な営農経済戦略が打ち立てられた。それが「農家の手取り最優先」を理念とした「４プラン・４クラス・５チャネルマーケティング」である。

### 1）農業者のフォローアップ体制—４プラン

まず「ベジタブルランドかぶらの里農業振興計画」を具体的に実践するに当たり、「４プラン」が新たに設定された。

「４プラン」とは、地域で農業に取り組む多様な人たちが、それぞれのレベルと成長段階、または専門性に従って、ステップアップや能率向上などを実現させるために自主的に参加できるプログラムであり、プログラムの実践に当たっては、JAの理事などが地域リーダーとして先頭に立ち、フォロー体制を整えていたことも特徴的である。各プログラムの概要は以下のとおりである。

#### (1）チャレンジ21農業プログラム

女性や中高年など、「地域総点検運動」で新たに誕生した新規就農者を対象とした、農業生産誘導型プログラム。プログラムの参加者は「チャレンジ21農業・栽培指針」をテキストとした年間60回の講座や、JAの営農指導員・アドバイザリースタッフによる営農指導を受けながら、年間販売高200万円～300万円を目標に、少量多品目生産を行う。JA甘楽富岡が目標とする少量

**表 2-1　チャレンジ 21 農業プログラムの仕組み**

- 参加する会員（直売所「食彩館」への出荷会員）は、初期投資 40 万円と 40a の農地（うち 10a はパイプハウス）でスタートする。
- 作目は重点野菜 1 品プラス 3 ～ 4 品で周年生産。販売高 200 万円～300 万円を目標とする。
- 対象者は土地所有型組合員・自給自足型組合員・中高年・女性・新規就農者等の多彩なジャンルの方々の総参加就農体制とした。
- まず生産物は「直売所」で自己完結型販売からスタート。売れ残りは自ら引き取り処分する。
- 直売所は新規生産者のトレーニングセンターとしての役割を果たす。
- 直売所の販売実績を評価し、質の高い農産物が作れるようになった生産者は「インショップ店」（量販店等の店内直売コーナー）への出荷・販売へとステップアップする。
- JA 甘楽富岡を起点に県内・県外・都内にネットワークされた「インショップ店」はすべて「予約相対複合取引システム」により「ロス・ゼロ」の買い取り制での販売である。
- 「チャレンジ 21 農業・栽培方針」をテキストとした通年講座（60 回）の実施と JA の営農指導員やアドバイザリースタッフ（JA が委嘱した生産者部会員）によるフォロー体制がある。
- 「やりがい・生きがい」を創出するライフ・スタイル・フィット型営農体制としている。
- 会員拡大は営農事業本部・各支所の連携により恒常的に取り組んでおり、参加する会員は開始から 5 カ年で 1560 人まで拡大した。
- 「チャレンジ 21 農業プログラム」の会員による生産の基本コンセプトは「おすそわけの心」を持って、「旬の味を旬の時期に生産」する「少量多品目生産」が基本となる。

出典：黒澤賢治「《論説》地域資源を商品化し地域をコーディネートする JA の役割」『JA 総研レポート』（2009 年冬／第 12 号）JA 総合研究所、2009 年

多品目生産の仕組みを確立するための、基盤となるプログラムである（**表 2-1**）。

### (2) 重点野菜推進プログラム

プロの生産者育成と産地形成を目指すためのプログラム。管内共通の重点８品目（露地ナス・オクラ・タマネギ・タラの芽・ニラ・菌床キノコ・やわらかネギ・ブロッコリー）を中心に作付けしてもらい、地域全体の産地化を図る。

### (3) 林産資源循環型プログラム

養蚕・コンニャクに続く隠れた基幹作目であったシイタケの生産者を中核にした、林業資源サイクル型のプログラム。

(4) チャレンジ500プログラム

繁殖和牛500頭の拡大と、レンタカウ制度（牛を貸し出し、耕作放棄地に放牧させて、人力によらず除草を行う。牛の舌刈り）による遊休農地解消対策を組み合わせた、中山間地畜産の決め手となるプログラム。

## 2）農家のカテゴリ分け（４クラス）と、販売チャネル（５チャネルマーケティング）の組み合わせで「農家手取り最優先」を実現する

「地域総点検運動」から浮かび上がった、作目メニューと人材という「地域力」を基礎として組み立てられた「ベジタブルランドかぶらの里農業振興計画」と、それを実践するための４つのプログラム（４プラン）により、新たな生産基盤と、農業者を育てるフォローアップ体制が整った。

次に重要なポイントとなるのが、JAが中心となって生産をシステム化し、いかに販売していくかということである。

そこでJA甘楽富岡では、生産者をレベルによって４つのカテゴリに細分化（４クラス）し、それぞれのカテゴリに見合った詳細な生産計画を策定、販路を確保する（５チャネルマーケティング）という営農戦略を打ち立てた。

４クラスとは、①アマチュア、②セミプロ、③プロ、④スーパープロ、という、生産能力に応じたカテゴリ分けであり、これは①から②へ、②から③へ、③から④へという、ステップアップ方式も兼ね備えている。

５チャネルマーケティングとは、①直売所「食彩館」での販売、②都会のインショップ向け販売、③総合相対複合取引、④Gルート販売（群馬県産地認定商品、JA全農ぐんま〈全国農業協同組合連合会群馬県本部〉による卸売市場経由型契約取引）、⑤直販システム（ギフト用販売および料亭やデパ地下などへの出荷）の５つで、JA甘楽富岡が新たに切り拓いた販売チャネルである。

JA甘楽富岡では、これら４クラスの分類と５チャネルマーケティングの絶妙な組み合わせにより、「農家手取り」の最大限化を目指している。その

マッチングは次のようなものである。

### (1) 直売所「食彩館」での販売＝「アマチュア農業者」のトレーニングの場

「チャレンジ21農業プログラム」の会員となった新規就農者は、「アマチュア農業者」として、まずはJA甘楽富岡が運営する農産物直売所「食彩館」での販売に挑戦する。食彩館は、新鮮で安全な農産物を地元の人にもっと食べてもらいたいという思いから開設したもので、1996年に１店舗目となる本店が開店した。

食彩館での販売では、出荷者が自らの判断でその日に出荷する品目を選択し、量や値段も自分で決める。売れ残りは自分で持ち帰らなければならない委託販売システムとなっている。出荷者は食彩館での販売を通じ、消費者のニーズを肌で感じとり、それを生産計画やパッケージの工夫などに活かしている。食彩館はアマチュア農業者にとってのトレーニングセンターの役割を果たしているといえる。

食彩館は管内に３店舗あり（注２）、876人のアマチュア農業者が日々研鑽を積んでいる。売り上げは、１店舗につき１日約140万～150万円程度で、2014年度の食彩館本店の年間販売高は３億600万円を超えた。

### (2) 都会のインショップ向け販売＝「セミプロ農業者」が中心

食彩館で、月に概ね20万円以上の売り上げが確保できるようになったアマチュア農業者は、「セミプロ農業者」へとステップアップできる。

セミプロ農業者になると、「インショップ」（都会の量販店や生協店舗の中に設けられた直売施設）への出荷が認められる。

JA甘楽富岡では、かねてより、原木生シイタケを首都圏の量販店や生協に年間を通じて出荷していた歴史があり、そのため量販店などに専用の取引口座を持っていた。そこで、その口座を利用した、シイタケの流通と他の野菜との抱き合わせ相対取引を考案し、その発展形として、インショップの出店を量販店に持ちかけた。そして採れたての新鮮な農産物が毎日店頭に並ぶというインショップ形式の魅力に気付いた量販店側が、提案に乗る形で1998年に始まった。

インショップ向けの出荷は、365日１日も休むことなく行われる。毎朝７時にJA甘楽富岡の集出荷場に、出荷者自ら出荷物を軽トラックで持ち込み、店名が書かれた札の前に通いコンテナを置いていく。置いたそばから、委託している運送業者が次々とトラックに詰め込んでいく。トラックは全部で16台。各店舗に10時には納品できるよう集出荷場を出発する。それらのトラックは、帰りも必ず何かの荷物を積むようにし、量販店などの物流センターに立ち寄って荷物を降ろしてくる。このようにして運送コストを軽減させているのである。

インショップ向け出荷は、「週間値決め・予約買い取り」契約であり、生産者にとって、食彩館での販売に比べると効率的な出荷形態となっている。その代わり、予約注文であるために欠品は出せないし、品質は常に厳しくチェックされる。何か問題があれば、集出荷場の連絡票に容赦なく書き込まれ、それが数回続くとインショップへの出荷資格を失うというシビアな世界でもある。

生産者には緊張感も生まれるが、その反面、売れたときの喜びは倍増する。自分が出荷したものがインショップであまり売れていないことが分かると、わざわざ東京の店舗まで出向いていって原因は何かを探る女性出荷者もいるそうだ。

売り上げの配分は、量販店の手数料率が25％、JA甘楽富岡の直販事業の販売手数料率が15％、生産者の手取り割合は60％（うち１％は共益費として拠出）となっている。インショップ向けには、毎日通常８万点から９万点の商品が出荷されている。平均単価は140円程度なので、概算で1,120万円から1,260万円分の商品が毎日出荷されていることになる。従って、JAが手にする販売手数料収入は毎日168万円から189万円くらいとなり、これならばJAは専門的な人材を雇って、営農経済事業を行うことが可能となる。

また先にも触れたように、JA甘楽富岡は、取引先の量販店に専用口座を

**表 2-2　インショップ販売高の推移**

単位：千円

| | |
|---|---:|
| 2010 年度 | 958,159 |
| 2011 年度 | 1,275,014 |
| 2012 年度 | 1,223,442 |

資料：甘楽富岡農業協同組合の聞き取り調査より作成。

持っているため、量販店との代金決済が素早くできる。そのため、出荷から３日という短時間で、生産者がインショップ向けに出荷した生産物の販売代金が、JAから、生産者がJAに持つ口座へと振り込まれることとなり、この決済の早さも、生産者との信頼関係が構築される一つの要因になっている。

インショップへは、セミプロ以上の農業者が出荷可能だ。開始当初の出荷者は34人だったが、今ではセミプロ（740人）を中心に1500を超える農業者や経営体が出荷している。販売額が一番多い出荷者で年間1,700万円から1,800万円を売り上げているとのことだ。

2015年８月末現在、首都圏を中心に57のインショップが展開している。新たに12店舗の出店要請があるそうだが、出荷が追いつかないため断っている状況だという。

### (3)　総合相対複合取引・Gルート販売・直販システム（ギフト用販売）＝「プロ農業者」が地域農業を牽引

セミプロ農業者がJA甘楽富岡の運営委員会で承認されると、「プロ農業者」にステップアップする。プロ農業者になると、①総合相対複合取引（６つの大手量販店および生協に対する、定量・定価・多品目の買い取り販売）、②Gルート販売（群馬県産地認定商品、JA全農ぐんまによる卸売市場経由型契約取引）、③ギフト用販売（量販店や生協向けのギフトセット販売）、の３つのチャネルでの販売が可能となる。

この３つの販売チャネルでは、産地カラーを色濃く出した歴史の深いレギュラー商品群を主軸に、取引先別にPB（プライベートブランド）化し商品価値を高めることで、「週間・月間・年間（シーズン）値決め」で「買い取り制」という有利な契約を実現している。例えば、セブン＆アイ・ホールディングスには、トップグレードの野菜を「匠シリーズ」というブランド名で契約販売している。

一方で、プロ農業者に認定されていても、総合相対複合取引やGルート販売などに比べ、比較的自由度のあるインショップへの出荷をあえて選んでいる農業者もいる。

つまり「4クラス」はステップアップシステムであるとともに、個人的な都合やライフステージによって、農業者自らが選択できる「手挙げ」方式でもあり、それはJA甘楽富岡が実践する営農戦略の特徴の1つだ。

2015年8月末現在、2400の個人・経営体がプロ農業者として、地域農業を牽引している。

### (4) 料亭やデパ地下などの直販システムへ＝「スーパープロ」が活躍

さらに、県知事賞以上の受賞歴がある農業者は「スーパープロ」に認定される。スーパープロ農業者が生産した農産物は、「年間値決め」で「買い取り」という最も有利な契約形態で、高値で取引される。東京料理商業協同組

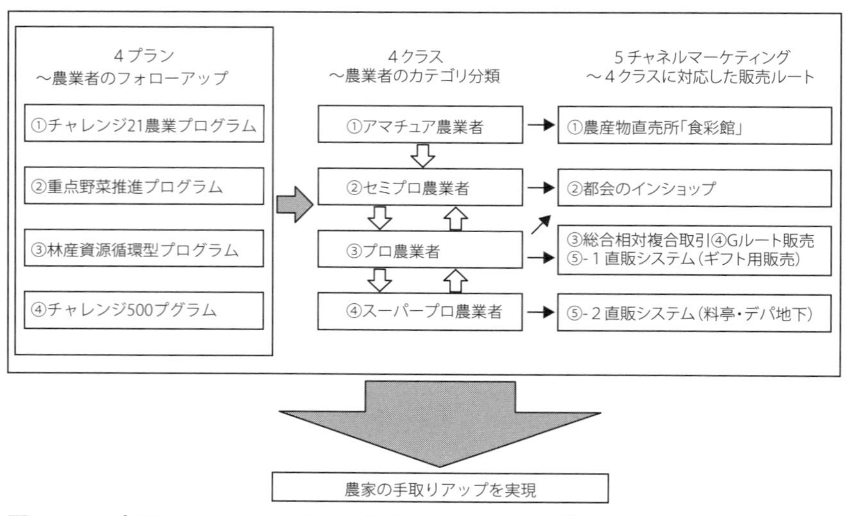


**図2-1　4プラン・4クラス・5チャンネルマーケティングのマトリックス**

合連合会（東京料商）や大阪料理商業協同組合連合会（大阪料商）を通して高級料亭やデパートなどに直接販売され、懐石料理の食材として、または、デパ地下（百貨店の地下食料品売り場）で売られる総菜の材料として利用されている。

一番多いときで140人のスーパープロがいたが、高齢化などで、自主的にプロゾーンに移行した農業者もおり、2015年８月末現在、86人の農業者がスーパープロとして活躍している。

このように、「４プラン」で地域の多彩な農業者をフォローしながら、「４クラス」と「５チャネルマーケティング」の巧みなマッチングによって、植え付けから販売までをトータルでコーディネートし、農家の手取りの最大限化を実現させている。

この「４プラン・４クラス・５チャネルマーケティング」のマトリックスが、JA甘楽富岡が実践する「総合産地マーケティング」という営農戦略の極意である。

## ４．有利な契約販売を支える「絶対的な商品力」と「絶対的な交渉力」

これまで見てきたように、JA甘楽富岡が外部に持つ販売チャネルは、週間・月間・年間などの「事前値決め」かつ「買い取り」である。このような極めて優位な販売契約が、継続して実現しているのはなぜだろうか。

そこには「絶対的な商品力」と「絶対的な交渉力」があるからである。

### １）「絶対的な商品力」を生み出す工夫─農産物にプラスαの魅力を

#### (1) パッケージセンターは「マーケティングセンター」

農産物をより多く売るためには、農産物そのものが優れていることはもちろん、農産物の“プレゼン”、つまりパッケージなどによる演出も欠かせないファクターとなる。そのような「商品力アップ」を図る上で重要な役割を果たしているのが、JA甘楽富岡が運営する「パッケージセンター」（PC）である。

このパッケージセンターは、かねてより、地域で365日周年生産されていた原木シイタケを出荷する際に、各々の生産農家が夜なべをするなど苦労して行っていたパッケージ業務をJAが担い、農家の労働を軽減しようと、1973（昭和48）年に造られたものである。2015年８月末現在、きのこパッケージセンター、野菜パッケージセンター、花卉パッケージセンターの３ラインが稼働している。

主にプロ農業者たちが生産した、まとまったロットの農産物は、このパッケージセンターに持ち込まれる。そして大きさなどが選別され、個別パッケージが施された上で、商品別・売り先別に、通いコンテナに箱詰めされて出荷される。生産者は収穫したままの農産物をパッケージセンターに持ち込むだけでよく、それ以降のすべての工程はJAがコーディネートし、完結する仕組みになっている。

野菜生産労働の70％を占めるともいわれている、選別・パッケージ・仕分けといったピッキング作業に労力をとられることがなく、生産者は「作る」ことに専念できる。そのため農産物の収穫量と出来映えがともに向上し、また各農家がバラバラに行っていたパッケージ業務をJAが一本化することで、全体の統一感が生まれ、地域ブランドとしての農産物の価値が確立される。

さらに、パッケージセンターの稼働により、農業を引退した高齢者や、子育て中の若いお母さん方がパートタイムで働くことが可能となり、地域の新たな雇用の創出にも結び付いている。

このように、パッケージセンターは、地域全体の「マーケティングセンター」としての役割を果たしており、それは「絶対的な商品力」となって、有利な販売形態を支えているのである。

### (2) 加工事業で成功する「トレーニングシステム」の確立

狭小な中山間地域に位置するJA甘楽富岡管内は、６次産業化率がかなり高い地域である。これまでにも特産品の下仁田ねぎを利用したドレッシングなど、優れた加工品が数多く誕生しており、販売高を押し上げる１つの要因にもなっている。

一方で、加工に取り組むJAのなかには、６次産業化を標榜するあまりに、稼働率や生産性を精査せずに、いきなり大型の加工場を造るなど過度な設備投資を行い、結果として負債を背負うことになったり、事前の検証不足により、加工品を作ってはみたものの、思っていたほど売れずに大赤字を抱えるケースも少なくない。

そのようななかにあって、JA甘楽富岡で６次産業化が成功している最大のポイントは、「加工所」と「商品開発委員会」による「加工のトレーニングシステム」を確立し、リスクを最小限に抑えた効率的な加工事業を行っていることにある。

加工所は、建物の建設に群馬県と富岡市の補助事業を利用しているが、オペレーションはJA甘楽富岡が行っている。運営はJA本体が直接行うのではなく、JAの女性部メンバーに一任している形だ。

加工所の中は、お菓子のライン、ジャムのライン、ゼリーのラインなどと細かく区分され、希望者は事前に申し込みを行ってから、利用する仕組みになっている。１グループにつき１日2,500円の利用料が必要で、徴収した利用料は加工所の運営費に充てられる。１年365日のうち約120日は利用されており、かなり高い稼働率となっている。

加工品が実際に商品化されるまでにどのようなルートをたどるのか。そこにJA甘楽富岡の、ありきたりではないアイディアがある。

まず、加工所で試作品が作られると、JA甘楽富岡の営農センター・JA県中央会・行政などからなる「商品開発委員会」にエントリーされる。そして、商品開発委員会において、その加工品が商品として成り立つかどうか、様々な角度から検証される。

無事、商品開発委員会を通過した加工品は、農産物直売所「食彩館」で試し販売される。食彩館である程度売れる見込みが担保されたら、すぐに量販店などと契約せずに、ヨーロッパなどのフードコンテストのなかで、受賞の確率が高いものに出品する。そして金賞など大きな賞を受賞させてから、日本のマスコミに取り上げてもらい、認知度が上がったところで大々的に販売を開始するのだ。ある程度売れるようになると、地域の食品関連の中小企業からOEM（相手先ブランド生産）の申し出が入ることも多く、そこからさらに本格的なマーケティングを仕掛けていく。

例えば「下仁田ねぎの生ドレッシング」は、妙義町の農家女性組織「妙旬・つくしの会」が開発したものだ。実は商品化してすぐに量販店に販促をかけたものの売れ行きは芳しくなかった。しかし、オランダのトレーディングコンテストで金賞を受賞したとたんに売れるようになり、現在ではJA甘楽富岡を代表する加工品になっている。

このように、加工所→商品開発委員会→直売所食彩館→海外のコンテスト→日本に再投入、という「加工のトレーニングシステム」が確立されていることが、JA甘楽富岡で加工事業が１つの産業として成り立っている最大のポイントである。

これまでに680品目の加工品が試作され、うち518品目が商品開発委員会にエントリーされた。そして実際に商品として販売されている加工品は、2015年８月末現在、300品目以上に上る。

### (3) コンニャク加工の工夫

JA甘楽富岡が、廃れてしまった広大な桑園を開墾し、大規模農地として造成し直したことは冒頭で述べたとおりである。そのようにして新たに生まれた農地には、プロ生産者が入り、かつての２大柱の１つであるコンニャク芋の生産を進めている。そのコンニャクがJA甘楽富岡の加工事業のなかで伸びを見せている。

コンニャクは、芋のまま出荷するだけでなく、一部はコンニャク粉に加工

**表 2-3　販売事業取扱高（2014 年度実績）**

単位：千円

| 種　　類 | | 取 扱 高 |
|---|---|---|
| 麦 | | 4,373 |
| 青果物 | 野　菜 | 2,052,486 |
| | 果　実 | 120,050 |
| | 計 | 2,172,537 |
| 花　卉 | | 247,290 |
| 畜　産　物 | 牛　乳 | 388,706 |
| | 肉　牛 | 47,508 |
| | 肉豚・子豚 | 686,644 |
| | スモール | 54,777 |
| | 子　牛 | 161,489 |
| | その他畜産物 | 9,251 |
| | 計 | 1,348,377 |
| 林　産　物 | 椎　茸 | 746,637 |
| | その他菌茸類 | 168,464 |
| | 計 | 915,101 |
| そ　の　他 | コンニャク（生玉） | 642,121 |
| | コンニャク（粉） | 161,757 |
| | 繭 | 11,430 |
| | 計 | 815,309 |
| 直　販 | | 1,223,593 |
| 合　計 | | 6,726,583 |

出典：甘楽富岡農業協同組合『第 21 回平成 27 年度通常総代会提出議案　協同のあゆみ』、2015 年 5 月 23 日。

して販売している。コンニャク粉は昨今の健康志向を受け、健康食品の材料として汎用性に富み、単価も高いという。コンニャク粉は、県内のコンニャクゼリー製造会社などに直接販売されており、2014年度実績では、１億6,000万円以上の販売高を捻出している（**表2-3**）。

また、加工したコンニャクは、夏期にもコンビニエンスストアのおでんの材料向けに販売するようになり、こちらも数字を伸ばしている。

## 2）「絶対的な交渉力」を支える「52週カレンダー」と職員の育成

「事前値決め」「買い取り」という極めて優位な販売契約が、継続して実現している理由として、JA甘楽富岡の持つ「絶対的な交渉力」は、決して見逃してはならない要諦である。

その絶対的な交渉力を支えるツールの1つが、JA甘楽富岡が20年間の積み重ねのなかで独自に作成した「52週カレンダー」だ（**表2-4**）。

52週カレンダーには、1年365日すべての日についての行事・催事・記念日が書き込まれており、週ごと（52週）に、その時節柄に合致した販促テーマが設定され、テーマに即したメニュー、使用する食材、ディスプレイ方法、売り方に至るまで、野菜・果実・惣菜といった商品のカテゴリ別に、細かく提案されている。

JA甘楽富岡は、顧客別に工夫を施したカレンダーを準備しており、量販店や生協などのバイヤーと商談する際の、最大の武器となっている。

一方で、実際に商談を行う職員が交渉力を身に付けるための人材育成にも力を注いでいる。「農」をJA事業の主軸ととらえているJA甘楽富岡には、営農部門だけで11部署があるため、そのなかで人事をまわし、すべての部署を経験することから、職員は営農のいろはを学び、リーダーシップやマネジメント力を五感で覚えている。

さらに、比較的若いうちに一定の裁量権を与えて、自分で判断する力を醸成していることも特徴であろう。しかも、ただ権限を与えるだけでなく、逐次報告することを義務化し、困ったときには上司がすぐにフォローに入れる体制を整えているため、若い職員たちが安心して交渉に臨める。そこには、JAの役員に「職員を育てる」という強い意志があるためで、その期待感と信頼感から商談力やプレゼン力が育まれているといえる。

実際に、著者がインタビューを行った黒澤賢治氏自身も、31歳という若さで部長となり、早いうちから自分の頭で状況を見極める訓練がなされたそうである。

このように、「52週カレンダー」という心強いツールと職員の鍛えられた交渉力により、有利な取引が可能となり、農家の手取りアップが実現している。

# 表 2-4 52週カレンダー（抜粋）

| 今月のテーマ | 秋メニューと連休対応 |
|---|---|
| 秋もの商品の訴求強化と2度の連休での販促強化が課題の月 | |
| 販促の流れ | |
| 1週 | 洗濯用品と防災用品の品揃え拡充と新学期用品のコーナー展開、朝食・弁当商材の訴求強化を実施。 |
| 2週 | 秋素材を使ったメニュー提案を積極的に実施する。同時に、使用する調味料の訴求も強化する。 |
| 3週 | 前週に続いて炊き込みご飯など秋メニューを特集、行楽弁当などを含めてバリエーション豊かな訴求を。 |
| 4週 | 3連休が連続する今週は行楽用品の大特集を実施。彼岸用品と一緒にバーベキューなどのクロスMDを実施。 |
| 5週 | 連休明けの冷蔵庫補充訴求を実施。紅葉や10月の気象予報などの情報を提供して消費行動をコントロール。 |

| 日 | 六曜 | 曜日 | 行事・催事・記念日 | 毎月の販促記念日 |
|---|---|---|---|---|
| 8/29 | | | 焼肉の日 ベルばらの日 | 肉の日 |
| 8/30 | | | 冒険家の日 | 味噌の日 |
| 8/31 | | | 野菜の日 | そばの日 |
| 9/1 | | | 防災週間（〜7） 関東大震災記念日 防災の日 二百十日 | 省エネの日 |
| 9/2 | | | 宝くじの日 富山八尾風の盆 | |
| 9/3 | | | ホームランの日 | |
| 9/4 | | | クラシック音楽の日 くしの日 | パスタの日 ミカンの日 |
| 9/5 | | | 石灰の日 国民栄誉賞の日 | |
| 9/6 | | | 世界老人給食の日 鹿児島黒牛・黒豚の日 妹の日 黒の日 黒豆の日 | |
| 9/7 | | | クリーナーの日 CMソングの日 白露 | |
| 9/8 | | | ニューヨークの日 サンフランシスコ平和条約調印記念日 | 米食の日 二輪・自動車安全日 |
| 9/9 | | | 世界占いの日 救急の日 重陽 | 鯨の日 |
| 9/10 | | | ファミリーカラオケの日 下水道の日 屋外広告の日 | |
| 9/11 | | | 愛国者の日（米国） 公衆電話の日 二百二十日 スッポンの日 | 植物油の日 麺の日 |
| 9/12 | | | 水路記念日 宇宙の日 マラソンの日 | パンの日 豆腐の日 |
| 9/13 | | | 司法保護記念日 世界法の日 | |
| 9/14 | | | セプテンバーバレンタイン メンズバレンタインデー 岸和田だんじり祭 | |
| 9/15 | | | ボーイスカウトの日 ひじきの日 老人の日 老人週間（〜21） | お菓子の日 中華の日 れんたるビデオの日 |
| 9/16 | | | ハイビジョンの日 マッチの日 鎌倉やぶさめ | |
| 9/17 | | | モノレールの日 | |
| 9/18 | | | 満州事変記念日 十五夜 カイワレ大根の日 | 頭髪の日 米食の日 二輪・自動車安全日 |
| 9/19 | | | 敬老の日 苗字の日 | |
| 9/20 | | | 動物愛護週間 彼岸入り 空の日 バスの日 | |
| 9/21 | | | 国際平和デー ファッションショーの日 秋の全国交通安全運動（〜30日） | 漬物の日 |
| 9/22 | | | 国際ビーチクリーンアップデー | 夫婦の日 |
| 9/23 | | | 万年筆の日 テニスの日 愛馬の日 秋分の日 彼岸中日 | |
| 9/24 | | | 結核予防週間 愛の日 清掃の日・環境衛生週間（〜10/1） | |
| 9/25 | | | 10円カレーの日 | |
| 9/26 | | | 彼岸明け ワープロの日 | 風呂の日 |
| 9/27 | | | 女性ドライバーの日 世界観光の日 | |
| 9/28 | | | プライバシー・デー パソコンの日 | ニワトリの日 米食の日 二輪・自動車安全日 |
| 9/29 | | | 日中国交正常化の日 招き猫の日 ふぐの日 クリーニングの日 | 肉の日 |
| 9/30 | | | クルミの日 | 味噌の日 そばの日 |
| 10/1 | | | アウトドアスポーツの日 コーヒーの日 デザインの日 日本酒の日 ネクタイの日 法の日 | 省エネの日 |
| 10/2 | | | 豆腐の日 シャツの日 | パスタの日 ミカンの日 |

| 販促ツール | 8/29〜9/4 | 9/5〜9/18 | 9/19〜9/25 | 9/26〜10/2 |
|---|---|---|---|---|
| ディスプレイ | 新学期準備&秋の味覚ディスプレイ → | ← 秋の大行楽ディスプレイ（敬老パーティーディスプレイ16〜19日） → | ← 彼岸ディスプレイ → | ← 秋の運動会ディスプレイ → |
| | 防災用品コーナー 弁当・朝食材料訴求 秋素材使用のメニュー訴求 | 行楽用品最強化訴求 敬老の日パーティー予約開始 プレゼント品コーナー 家庭内パーティー訴求 行楽向けオードブル・弁当予約開始 | 彼岸用品コーナー 生鮮売場変更 | 運動会向け弁当・つまみ等訴求 新米・衣替え関連訴求 |

| ＊＊＊部門別今月の売り方＊＊＊ | | チラシタイトル | ㊱気持ち新たに新学期特集 | ㊲秋の旬鮮素材を大放出！ | ㊳秋の行楽弁当大特集 | ㊴太陽の下でバーベキュウ大会 | ㊵当店の安心、お買い得セール |
|---|---|---|---|---|---|---|---|
| 品揃え変更を行い、食生活の変化に対応する。ただし残暑が長引くようであれば、涼冷メニューの提案は中旬まで続行。後半は夜食とホットメニュー訴求を開始。 | 精肉 | | 秋色メニューのご提案<br>サラダ：牛・豚冷しゃぶ用、ハム類 炒め物：牛モモ切り落とし 豚小間切れ 煮物：鶏モモ切り パスタ：ベーコン、挽肉 | 安心、安全、国産肉フェア<br>和牛肩バラ薄切り 交雑牛カルビ焼手切り 交雑牛小間切れ 国産牛・豚合挽肉国産豚ロース切り身 国産鶏正肉 | お祝いミート寿司特集<br>ローストビーフ 牛たたき用ブロック 交雑牛モモ冷しゃぶ用 豚ヒレカツ用 豚モモ冷しゃぶ用 鶏ササミ 鶏ムネ肉茶碗蒸し用 | 秋の大行楽フェア<br>輸入牛ロース厚切りステーキ用 輸入牛バラブロック 交雑牛バラカルビ焼用スライス 豚バラ焼用 牛カレー用角きり | 当店自慢のすき焼材料<br>和牛肩ロースすき焼用 和牛モモすき焼用切り落とし 交雑牛ロースすき焼用交雑牛バラすき焼用 豚肩ロースすき焼用 |
| ブドウ、ナシ、栗、キノコなどの秋の味を表現できる商品と、濃い目の味の商品に徐々にシフトしていく。ただし残暑の間は夏商材の訴求を続行。 | 日配 | | 秋味まつり<br>ブドウ・梨・リンゴ味の飲料・デザート類・アイス フルーツヨーグルト コーヒー・ココア飲料 炊き込みご飯の素 | 残暑見舞い、サラダ&デザート<br>ちくわ カニ風味かまぼこ シュレッドチーズ ヨーグルト アイスコーヒー 氷菓アイス 卵豆腐 ミックスベジタブル | 家庭でお祝いパーティ<br>炊き込みご飯の素 寿司訴求：イナリ揚げ 田麩 紅ショウガ ちくわ 冷凍煮物野菜 秋ナス漬 白菜漬 生和菓子 | 秋の行楽まつり<br>冷凍唐揚げ・チキン商品 鮭フレーク いなり揚げ 6ピース・ベビーチーズ 小パック飲料 おはぎ ワッフル 菓子 惣菜パン | 鍋の季節お届け<br>野菜天類 焼ちくわ つみれ おでんセット ちくわぶ（関東） 冷凍煮物野菜 しらたき こんにゃく チルドグラタン・スープ |
| 旬素材を使った商品の品揃え、訴求を強化する。冷やし系などの夏の訴求品は日替わりや気温上昇日のスポット訴求に限定、売場のいろを変えること。 | 惣菜 | | スタミナ回復宣言！<br>レバニラ炒めプレート ビビンバ丼 辛味噌風味カルビ丼 つゆだく牛丼 アナゴ一匹丼 ネギトロ中巻き寿司 キムチ＋枝豆 | 秋の炊き込みご飯特集<br>鮭ご飯 栗ご飯 マツタケご飯 カニご飯具だくさんキノコご飯 親子ちらし寿司：鮭・イクラ 五目ちらし寿司 | 行楽弁当&オードブル<br>焼きそば＋いなり寿司 3色押し寿司 秋鮭弁当 カキフライ弁当 秋色弁当：マツタケ・カニ・鮭・栗ご飯 サンマ塩焼弁当 | お彼岸天ぷら特集<br>キノコかき揚げ マイタケ天 エビ天 カボチャ天 カニかき揚げ天 天ぷら＋おこわセット 赤飯 おはぎ | あつあつ出来たてメニュー<br>おでん おでんだねよりどり販売 肉ジャガ モツ煮 シーフードグラタン ピザ 中華まん サバ味噌煮 カレイ煮付け |
| キノココーナーの設置やサンマとのクロスMDで大根の拡販、彼岸用に土物・根菜類の訴求強化などが重要課題。下旬には鍋ものコーナーも開始する。 | 野菜 | | スタミナ野菜特集<br>ジャガ芋 ナス 生シイタケ 枝豆 ニラ ピーマン ニンジン ホウレン草 大根 長ネギ 長芋 トウモロコシ | お弁当に緑黄色野菜を<br>トマト パプリカ キュウリ キャベツ ニンジン ブロッコリー パセリ アスパラ ホウレン草 サニーレタス | 秋味まつり<br>マツタケ エリンギ エノキタケ シメジ ゴボウ 生シイタケ 大根 里芋 サツマ芋 レタス トマト ハス カボチャ | お彼岸、行楽メニュー<br>天ぷら：サツマイモ、シメジ、生シイタケ、ハス、マツタケ、玉ネギ、春菊 バーベキュー：ジャガ芋、カボチャ、ピーマン | カレー・シチュー特集<br>玉ネギ ジャガ芋 ブロッコリー ニンジン ニンニク ホウレン草 生シイタケ エリンギ シメジ マイタケ 長ネギ |
| 本格的な秋売場の演出が必要。また、できるだけ裸あるいはざる盛りで販売し鮮度と安さをアピールする。試食販売を積極的に行い、産地表示を徹底させる。 | 果実 | | ビタミン補給にフルーツを<br>ハウスミカン 幸水 巨峰 バナナ デラウェア 桃 リンゴ レモン メロン類 グレープフルーツ キウイフルーツ | 健康朝食メニュー<br>バナナ 幸水 豊水 栗 むき栗 イチジク デラウェア ハウスミカン キウイフルーツ グレープフルーツ プルーン | 秋のパーティフェア<br>ブドウ拡販：巨峰、デラウェア、甲斐路、ネオマスカット 生栗 早生柿 リンゴ キウイフルーツ バナナ カットフルーツ | お彼岸セール<br>お供えセット各種 ナシ類拡販：幸水、豊水、二十世紀、新高、洋梨 ハウスミカン オレンジ 生栗 落花生 ピスタチオ | 旬のフルーツ特集<br>早生ミカン 早生柿 リンゴ 豊水 ネオマスカット 甲斐路 生栗 イチジク キウイフルーツ プルーン |

ちなみに、JA甘楽富岡では、商談に組合員が同行することも多い。商売の厳しい駆け引きを目の当たりにすると「これは自分ではできない。JAにやってもらわなければ」という実感が組合員のなかにわき、それがJAの存在意義確認にもつながっている。

## 5．生産者とJAが一体化している理由―なぜ生産者がついてくるのか

JAの自己改革においても同様なことがいえるが、JAがどんなに素晴らしい計画を打ち立て、お膳立てをしようとも、肝心の生産者（組合員）が積極的に参加してくれなければ、計画は絵に描いた餅となり、実現は不可能である。

ではなぜJA甘楽富岡では、地域農業の再生という目標に向かって、生産者とJAとが一体となり得ているのだろうか。そこにも「農家の手取り最優先」という理念に裏打ちされた、JA甘楽富岡の確固とした姿勢がうかがえる。

### 1）収入と購買のシステムが可視化されている

まず１つ目として、収入と購買のシステムが可視化されていることが挙げられる。

収入については、値付けから出荷、そして販売までの仕組みがオープンになっており、これを売れば実際にはどれくらいの収入になるのか、例えば、売り値で150円のものを100円で買い取るので、収入は50円になりますよ、ということが、誰の目にも分かりやすく、公平に提示されている。それは直売所「食彩館」での販売、インショップ販売など、すべての販売チャネルについていえることである。

一方、購買についても同様である。生産者自らが生産資材調達のあり方を考える場として、各種生産部会の代表者で構成される「購買取引委員会」が設置され、JAが一括予約購買の原価などを情報開示した上で、なぜこの値

段なのか、コストがどのくらいかかっているかなどを説明、理解を求めている。しかし、もしJAの供給価格と一般の市況に８％以上の差が出た場合は、JA全農群馬県本部も入れて競争入札にかける体制が整っている。

また、１戸１戸の農家が莫大な借財を抱えないよう、JAは高額な大型機械はあえて農家に販売せず、逆に「機械利用組合」を立ち上げて、JAが農機具をリースするシステムを構築した。また、集出荷用の段ボールは基本的に廃止とし、繰り返し使える通いコンテナを主流としている。これにより、７億8,000万円あった段ボールの購買額が7,000万円にまでダウンしたが、JAの売り上げよりも、農家にとっての無駄なコストを省くことを優先し、断行したのだという。

このように、「農家手取り最優先」を柱に、収入や購買のシステムを「公平」に「可視化」していることが、生産者からの信頼と支援につながり、そこからJAと組合員の一体感が生まれているといえる。

### ２）組合員参加型運営が「自分ごと」としての意識を醸成

２つ目に挙げられるのが、組合員参加型の「手挙げ方式」の運営である。例えば、５つの営農センターと７つの支所で開催している運営委員会や集落座談会、生産部会は、事務局機能こそJAが担うものの、会議室の設営から当日の運営、終了後の掃除、議事録づくりに至るまで、すべて組合員が行うようになっている。若い担い手たちは委員を経験するなかから、段階を経て育っていく。

また、組合員研修も、カリキュラムづくりや運営委員会への案内まではJAの事務局が行うが、強制的に受講させるのではなく、組合員自らが、カリキュラムのなかから学びたい内容のものを自由に選ぶシステムとなっている。研修で使用する教材はすべて有料のため、当日持参しなかったり、紛失してしまうケースはほとんどなくなったという。生産資材も営農センターの倉庫から自分でピックアップする「自取りシステム」である。

また、年に一度、プロ農業者による事例発表会を開催し、自分がどのように実践してきたか、実体験を話してもらう場を設けている。情報は組合員間で共有され、特にアマチュア農業者やセミプロ農業者にとって「いつか自分も」という、夢をつなぐきっかけとなっている。

このように、さまざまな場面で組合員自らが参加できる機会、あるいは参加せざるを得ない状況をあえてつくることで、組合員のなかに「自分ごと」としての意識が生まれ、それが責任感を育むとともに、「やる気」や「やり甲斐」、そして「楽しさ」といったモチベーションにつながって「協同組合」としてのJAを形作っていく。

### 3）JAによる徹底したサポート体制の存在

３つ目として、JAによる徹底したサポート体制を挙げたい。

JA甘楽富岡では「４プラン・４クラス・５チャネルマーケティング」という営農戦略を打ち立て、そのマトリックスが「農家の手取り」の最大限化を実現していることは先に述べたとおりである。つまり生産者（組合員）からすれば、自分の能力や事情を鑑みながら、JAが植え付けから販売までをトータルでコーディネートしてくれるから、安心して農業に従事できることになる。

JAは個別経営体ごとの経営のモニタリングも行っており、何か問題があれば経営改善の提案もしている。

また、新たな農業者を確保し、農業を次の世代へつなぐことにも余念がない。JA甘楽富岡が発行する広報誌『みどりの風』などをツールに、定期的に新規就農を呼び掛けている。

例えば、『みどりの風』2015年８月号では、翌年の出荷者確保に備えて「ナス栽培をはじめませんか」という特集を組んでいる。記事では、夏秋ナスの年次別キロ単価の変動、10a当たりの粗利益や栽培暦など、事細かに情報を開示し、取り組みへの不安を払拭するとともに、JA主催でナスの新規栽培講習会も開催するなど、新規就農を促している。

手を挙げた就農希望者には、どんな作目が向いているかなど、経営適性が分かるまで、まず「アグリパート」として農業生産を学んでもらい、技術が確立するまでJAとプロ生産者とが丁寧に支援サポートを行う。その後「のれん分け」して、新規就農者自らが農地を借りて独立していく。

リスクが懸念される新規就農者で、作物が大量に売れ残ってしまいそうな場合には、ホームセンターなど、JAが新たな販路を確保して、全量販売を支える。

このような積極的な働き掛けと徹底したサポートが功を奏し、JA甘楽富岡では、毎年約６％ずつ生産者が増加している。地元の地銀元支店長など、サラリーマンだった人が帰農し、アマチュアゾーンから始めるケースも出てきたという。

### ４）組合員との意思疎通がカギ

最後に挙げるのが、組合員との意思疎通の醸成である。JA甘楽富岡では、全組合員を対象とした「意向調査」と営農基本６事業（指導・販売・購買・利用・加工・直販）ごとの「事業別アンケート調査」を、それぞれ１年おきに年をずらして行っている。つまり毎年なんらかの調査を実施しており、組合員の実情把握に努めている。これらの調査結果は、３年に１度策定される「甘楽富岡地域農業振興計画」にも反映されている。

この地域農業振興計画策定に当たっては、実行可能な計画とするために、年４回の集落座談会と年１回の総代事前説明会の場で、JA側と組合員とが膝を突き合わせて徹底的に意見交換する。

また、地域農業振興計画は、１度策定したからといって３年間放置されるものではない。四半期ごとに「農業振興協議会」を開催し、販売状況や購買状況をリアルタイムでチェックし、必要とあらば更新を行っていく。度重なる修正のため、元の計画よりも追録の分量が多くなることもある。

このように、あらゆる場面において、JAと組合員とが意思疎通を丹念に行っていることが、両者が一体化している理由の真骨頂である。この関係性が組合員のなかに安心を生み、JAへの信頼感と、そして新たなモチベーションを醸成しているのである。

## 6．おわりに―JAは「地域の仕事興しセンター」に

JA甘楽富岡は2017年、合併して23年を迎えた。この間、一貫して目指してきたものは、収支均衡、もしくは若干の黒字で、「組合員手取り最優先」の営農経済事業を実現することである（注3）。

「地域の特性を活かしながら、人材と農産物とが共に成長する仕組みづくりをする。それが“人由来の組織”であるJAならではの営農計画づくりの原点です」。黒澤賢治氏はそう話す。JA甘楽富岡では、黒澤氏の言葉どおり、標高差という地域特性を活かし、隠れた人材と作目を掘り起こして、「総合産地マーケティング」という営農戦略のもと、JAと農家組合員とが共に成長してきた。その道のりには、ただ素直に感動を覚える。

もちろん問題がないわけではない。農産物販売額の伸び悩みや、農業者の高齢化、担い手不足など、日本農業をとりまく情勢と同様、このJA甘楽富岡においても乗り越えなければならない厳しい課題が数多く存在していることは確かであろう。それは、第1章の「はじめに」で吉田が「本書で取り上げるJAは『1点の曇りもない総合JAで、すべての事業分野において優れたJAでなければならない』、といった態度はとらない」とコメントしているとおりである。

しかし、TPP（環太平洋パートナーシップ協定）の発効に向けた協議が参加11カ国で進められる一方で、離脱したアメリカとは、TPPの代替案としてFTA（自由貿易協定）の可能性もささやかれるなか、JAにおける営農事業の重要性はより一層の高まりを見せる。そのような状況下において、「農家の手取り最優先」という目標からすべての事業を組み立て、「地域の仕事興しセンター」としての役割を全うしようとするJA甘楽富岡の挑戦は、自己改革を迫られたわがJAグループにとって、1つの指標となり得るはずである。

そして、色々な個性を持った人たちが集まり、力を合わせて、少しずつ幸

せを分かち合おうとするのが協同組合であるならば、組合員の多様性を武器にし、それぞれの組合員が、前を向いて生きていかれる道筋を創り出しているJA甘楽富岡の実践こそが、協同組合のあるべき姿そのものなのではないかと思う。

地域を知るJAが地域を変えられる。逆に言えば、地域を知らないJAには地域を変えることも守ることもできないのである。今ここで求められているのは何なのか、どんな機能が必要なのかを真剣に考えながら「この地域のベスト」を目指す。それがこれからのJAの役割なのではないだろうか。

**注**

（注１）インタビューおよび現地調査は、2015年８月27日、28日に行ったものである。

（注２）2015年８月末時点。2017年４月に下仁田店は閉店となり、2017年10月現在、食彩館は２店舗で営業している。

（注３）『JA甘楽富岡の経営概況』（2017年６月）の「部門別損益計算書（平成28年３月１日から29年２月28日まで）」を見ると、「農業関連事業」の税引前当期利益は44,194千円、「営農指導事業」の税引前当期利益は△107,923千円となっている。このためそれぞれの事業には、「営農指導事業分配賦額」として、信用事業に27,721千円、共済事業に27,689千円、農業関連事業に28,444千円、生活その他事業に24,068千円が配賦されている。また、農業関連事業以外の事業の税引前当期利益は、信用事業190,667千円、共済事業267,154千円、生活その他事業110,930千円で、税引前当期利益の合計は505,022千円となっている。

第3章

# JA富里市における営農指導をベースにしたマーケティング構築の取り組み

柳 京煕・吉田 成雄

## 1. はじめに

JA富里市は、千葉県の北部中央に位置する北総台地にある富里市（人口5万人程度）を地区とする1948（昭和23）年4月に設立された未合併のJAである。富里市はスイカの産地として有名で、東京都心から60km圏内、成田空港から4kmの地にある。

富里市の農業概要は、標高40～50mの台地で、総土地面積は富里市課税課「固定資産概要調書」（2015年1月1日）によれば5,388ha、内訳は田269.7ha、畑2,331.1ha、宅地897.3ha、池沼3.7ha、山林717.4ha、原野73.3ha、牧場32.3ha、雑種地275.3ha、その他787.9haである。2015（2010）年国勢調査人口は、総人口49,656（51,087）人、総世帯数20,008（19,701）世帯である。2015（2010）年農林業センサスによると総農家数は927（1,022）戸で、うち自給的農家数140（141）戸、販売農家数787（882）戸となっている。販売農家数のうち専業・兼業別の集計では、専業農家数は415（348）戸、兼業農家512（675）戸となっている。

JA富里市の組合員数は2,982人、役員数16人、職員数72人、出資金5億8,655万円、総資産247億4,623万円、単体自己資本比率20.51％（2016年12月末）という小さなJAである（富里市農業協同組合『ディスクロージャー誌

2017』2017年４月）。

JA富里市の2016年度（16年１月１日～12月31日）の事業総利益の内訳を見ると、販売事業209,247千円・購買事業204,068千円・産直事業139,900千円・利用事業7,812千円の合計は561,027千円となり、信用事業187,497千円・共済事業143,661千円の合計331,158千円を２億3000万円近く上回っている。その他の事業には宅地等供給事業4,736千円、保管事業２千円がある。なお、指導事業収支差額は△26,710千円である。

また、部門別損益計算書を見ると、税引前当期利益は、合計131,258千円、信用事業11,629千円、共済事業48,838千円、農業関連事業124,593千円、生活その他事業5,761千円となっている。なお、営農指導事業の部門別損益は△59,563千円であるがその全額が農業関連事業に配賦される。このため農業関連事業の営農指導事業分配賦後税引前当期利益は65,029千円となるが、それでも信用事業、共済事業よりも大きい。

JA富里市では、こうしたJAの事業が組合員の営農と生活を支えている。

特に販売事業は卸売市場一辺倒の売り方から直販取引や原料および加工契約取引、さらにJA出資による企業の農業参入など時代変化をとらえ、組合員意識や地域農業の実態にあわせた取り組みが図られてきている。

ところで、JAの営農経済事業の要としての営農指導が求められる分野は広範なものである。しかも、組合員はJA事業で最も重要な事業として営農指導を挙げるだろう。またJAも総会資料や合併協議の計画書などで営農指導の取り組み実績や今後の充実などを前面に押し出しているのではないか。このように、全国のJAで営農指導は論じられているが、実際に各JAの事業全体のなかで営農指導の位置づけはどうなっているのだろうか。求められる分野をすべてカバーすることは可能なのだろうか。たしかにそれぞれのJAの考え方により営農指導の位置づけや求められる事業の内容や水準は大きく左右されるだろう。

本章では、JA富里市の営農指導と地域農業生産振興の取り組みを、元・富里市農業協同組合常務理事の仲野隆三氏（現在はJA安房の組合員）が営農指導員として富里村農協に着任した1969年７月から常務理事を退任した2012年３月までの40数年に亘る取り組みに重ねながら見て行くことにしよう。そのプロセスには多くの有益な学びがあると考えるからである。なお執筆にあたっては、仲野氏からのヒアリングとともに、これまで仲野氏が執筆された原稿や講演資料などから多くの引用をさせていただいた。

なお、富里市は、1889（明治22）年４月１日に13の村が合併（明治の大合併）して千葉県印旛郡・富里村となってから、1985年４月１日に同郡・富里町、2002年４月１日に富里市となった、明治の大合併以降合併を行っていない数少ない自治体の１つである。またJAも合併を行っておらず、富里村農業協同組合（富里村農協）、富里町農業協同組合（JA富里）、富里市農業協同組合（JA富里市）と名称変更している。ただし農協を通史的に記述する場合にはJA富里市と表記している。

## 2．歴史的展開から見たマーケティング戦略の変化

### 1）「西瓜うるみ症発生」で産地全滅からの復活―営農指導員の役割

1965（昭和40）年、富里地域の特産であるスイカが、緑斑モザイクウイルス（CGMMV：Cucumber Green Mottle Mosaic Virus）に冒され、収穫時期の７月、畑の中で次々に泡を吹き腐り（西瓜うるみ症）、卸売市場に出荷したものが場内で「破裂」。スイカは卸売市場からは返品され廃棄処分という事件が起き富里村は大騒ぎとなる。その当時、千葉県農業試験場疏菜研究室の研修生であった仲野隆三氏は、富里村の現地調査に赴き指導した経験を持っている。

当時の富里村のスイカ粗生産額は16億円、農業粗生産額の57％を占めていただけに、富里の農業は大打撃を受けた。そこで組合員は農協に対しこれまで雇っていなかった営農指導員を配置し技術指導を行うよう求めた。

当時の富里村農協の組合長と理事会は、こうした組合員の強い要望に対して、「地域農業生産振興」と「農協の生産販売事業の育成」を図るため、営

農指導員を置くことを決めた。その際、農協の営農指導が担うこととして次の３つの目的を明確にした。

① 農業技術指導（病害診断、土壌診断施肥設計、栽培管理など）

② 新たな作物の導入（儲かる作物導入と産地化）

③ 組織の育成強化（協力組織支援、生産組織育成と活性化など）

こうした経緯があったうえで、富里村農協の組合長から営農指導員適任者の紹介を要請された千葉県庁の園芸課長が白羽の矢を立てたのが、仲野隆三氏であった。

1969（昭和44）年７月、営農指導員として富里村農協に採用された仲野隆三氏は、着任後直ちに、①農林省ウイルス研究所（当時）での研修（血清凝固判定法の取得）、②土壌蒸気消毒法の指導（ウイルスの土壌生息説「７年期限」）、③500戸の育苗施設のウイルスチェック・処理対応、そして、④毎晩“ウイルス講習”を西瓜出荷組合、任意組合、個人出荷者などを対象に実施した。

さらに加えて、「ウイルス撲滅」の取り組みが“終息宣言”を迎えるまで、①「富里村農業指導者連絡協議会」の設置（村の産業課、農業委員会、農業共済組合、農業改良普及所、農協指導スタッフ）と連携—ウイルス対策薬品の無償配布、戸別判定スタッフ支援（村役場産業課に技術スタッフ１人配属）、農業試験場とウイルス研究所との連携（技術サポート）、蒸気ボイラー設置補助（村費100％補助）、発生圃場（畑）でのスイカ株抜取り指導（これは生産者にとっては「収入がゼロになる」大問題でありしばしば「農業者との口論」になったという）、発生地域の囲い込み対策と情報発信（県、卸売市場、生産者、農協）など、および②「西瓜うるみ症対策会議」の設置—圃場（畑）廃棄を拒む農家に対する指導の徹底（生産者合意）、種子選定と西瓜育苗方法のあり方検討（種子催芽試験）、キュウリ・モザイクウイルス（CMV：Cucumber Mosaic Virus）との誤認対策（疑似症状の判定指導）、卸売市場への情報発信（産地の取り組み進捗報告）、といったことを担当している。

こうした様々な取り組みの結果、発生から7年後の1972年にようやく“終息宣言”を出すに至り、富里村は地域基幹作物スイカの「産地の復活」を成し遂げることができた。

## 2）ゼロからの生産者組織・販売事業構築

### (1) 組合員との信頼づくり

1948（昭和23）年に設立されたJA富里市は、1969年当時の全職員数は38人、営農指導員は未設置、販売事業スタッフは6人という規模である。畑作地帯で土壌は壌土（loamy soil、排水、通気、保水力が適度にあり作物栽培に最適とされる）で、米麦、落花生、里芋などが栽培され、管内には、西瓜出荷組合や白菜出荷組合など60以上もの出荷組合があった。多くの組合員は隣接する専門農協（丸朝園芸農協）に重複加入し、信用事業は富里村農協、販売は専門農協と使い分けをしながら仲間で出荷組合を設けて京浜市場に出荷し、お互い価格競争をしていた。富里村農協には実績もなく後発で専門農協や出荷組合などと販売競争しても勝てない状況にあった。また、6人の販売事業スタッフの業務は、荷役（にやく）が主体であり、販売企画などに関する知識も技能もなかった。

1969年頃の富里村農協には自前の生産者組織がなく、販売事業は食糧管理法下の政府管掌の米麦集荷販売と、野菜では資金調達のために西瓜出荷組合と白菜出荷組合の精算事務などを行っていて、販売事業取扱高はわずか5億5,000万円（管内の農業粗生産額27億円）であった。富里村農協の販売高・取扱高は低迷しており、隣接する専門農協（近隣6か市町村に組合員2,400人）の販売事業取扱高で大きく溝をあけられていた。

つまり営農指導員を配置した富里村農協はゼロから生産者組織と販売事業の構築に取り組むこととなったのである。

組合員との信頼関係が構築できていなかった当時の農協では、組合員は「何か儲かる物を持ってこい」が口癖だったという。こうしたなかで営農指導員の仲野氏は、営農相談で組合員を巡回した。技術指導で組合員の懐に入り込み中堅組合員や農業後継者との信頼関係を構築していった。富里村の各集落の「しきたり」や組合員ごとの基幹作物と経営の営農形態を調べた。また、地域性は、昔からの「古村」と台地の上の「開墾」の地域に分け、物事の決定方法や序列に違いがあることを知った。

地域リーダーが誰か、出荷組合の役員構成と運営方法など「知らない土地」ではそうした基礎知識を知ることが鉄則で、それが分からないと組合員とのコミュニケーションができない。こうしたことを脳裏に蓄積したことが、この後の、組合員組織づくりや農業生産振興計画を作成する上で役立ったという。

後に仲野氏は営農指導員の心得を記している。そのいくつかを記しておこう。「①営農指導員としてやるべきことは、自ら学び、教え、そして多くの組合員の意見を聞くこと。②営農指導員は単に技術だけでなく地域の営農形態を考えることが必要である。それは何ができるか、潜んでいる可能性はないかを探ること。③最初はわずか１％の信頼感であったとしてもそこから生まれる可能性は計り知れない。④営農指導ではまずできることから取り組むという戦略が大切。できないと思われても“視点を変える”ことで解決の道が開けるかもしれない。あきらめないことが大切」。

組合員の口癖であった「儲かる物を持ってこい」ということについては、前述のとおり組合長から営農指導に対して、「新たな作物の導入と産地化」と「組織の育成」の２つを求められていた。そこでこの地の土質に合っていて組合員の営農形態を考慮した作期の作物を探した。それと同時に専門農協との販売の競合は後発の富里村農協の分が悪いと考えた仲野氏は、新たなモデルを探り、土質に合うゴボウ栽培を導入した。共同利用の掘取機と作業オペレーターの作業受託組織を設置し、農協の一元共販体制を２年で100haにまで確立した。続いて食品企業との加工トマト契約栽培（25ha）、薬草企業と契約栽培（90ha）に取り組んだ。1980（昭和55）年に始めたカルビーポテトとの契約栽培ではピーク時120ha、現在も70haを継続取引している。

仲野氏は様々な経験の蓄積を踏まえこう語っている。

「組合員から信頼を勝ち取るためには新作物取引モデルを構築することが近道だ。JA管内や周辺の農協と同じ考え方をしないで『相手がもっていないもの』を仕掛ける。そのためには、人脈をたどり、企画力と交渉力という持てる限りの能力で挑む。JAが主体的に企画することで、これまでのような出荷組合の既得権益を排除する。組合員には、契約取引に参加したならば取引ルールを守る意識をしっかり持っていただく。もちろんどのような契約取引なのか組合員の全体会議で説明し、取引先とJAの営農指導が同席して組合員の意見や要望を取り入れる。代金回収と価格などをJAが担保することで組合員のJAへの信頼感は強くなる」。

### (2) “意識改革”―組合員「後継者」と役職員「同僚」の懐に入って語る

JAがその本来の役割と機能を果たし続けていくための基本は、農業青年の教育と彼らへの相談機能を担うJAの役職員のコミュニケーションにあるという仲野氏の取り組みを見てみよう。

かつて仲野氏は富里村の40集落で座学の「仲野塾」を開催していた。当時はパソコンやコピー機などなかった時代だったから、鉄筆でガリ版の原紙を切ってローラーで摺る謄写版印刷で資料を作って、土とは何か、堆肥とは何か、化学的防除法と耕種的防除法の違いなどを説明した。各集落で夜間に青年たちを集めた勉強会では、黒板に書いて説明するためチョークの粉で体が真っ白になったという。さらに、青年たちの視野を広げ、学ぶ意欲を引き出すために先進地視察なども行った。仲野氏は、座学による講師からの一方的な知識伝達よりも、「見る、聞く、飲ます（喋らせる）」という機会を取り入れ、参加意識を高め、青年たちの主体的な学習の場となる工夫をしたのである。当時を振り返り「たいへんだったが、やりがいがあった」と語る仲野氏にとってこの青年たちが、後にJAの変革をするための支持者・協力者になったのである。

そして、農業青年の教育とともに大事なことが、JA内部の同僚や上司とのコミュニケーションである。

仲野氏が、1969（昭和44）年７月に、富里村農協に営農指導員として招かれたときには、理事会や管理職と職員、さらには組合員には仲野氏は農協の推進業務や営農指導以外の農協業務をやらせず、農家の技術・経営指導や、新規作物の導入と産地化、さらに組織育成だけをやらせるということが徹底されその方針が支持されていた。またこのことは、富里村役場の産業課から普及改良員に至るまで千葉県庁の園芸課長から通達されていた。このため、38人の農協職員や管理職は、農家巡回のときに組合員からあった相談のほとんどを仲野氏に伝え、行政（村役場）担当者も農業振興などに関するほとんどの会議に仲野氏の参加を求めてきた。20歳代前半の若い仲野氏にとっては「自分ひとりにのし掛かる責任に堪えかねていたというのが正直な気持ちであった」と言う。

そんな時、５月～６月の大麦やビール麦の集荷（１万8,000俵）や秋の米の集荷（6,000俵）の時期になると農協の同僚たち６人～８人が夜10時過ぎまでかかって倉庫入れの作業をしていた。当時はフォークリフトなど無く、ベルトコンベアと人間の担ぎだけで倉入れをする重労働だった。仲野氏には、こうした営農指導とは関係のない一切の農協業務を手伝ってはならない、やらせてはならない、とされていた。だが、ただ見ているだけの仲野氏の目の前にある俵の山は一向に片付かない。そんな状況に、仲野氏は、自然と「手伝うよ」と言って、毎日午後３時過ぎに倉庫入れを手伝い、800俵以上担いだという。

そして、夜11時頃に倉庫入れが終わったところで、皆で酒を飲みながら営農指導員の仲野氏は農協の問題を職員に「なぜ？」「なぜ？」と聞きながら、彼らの懐に入り込んでいった。そして、仲野氏がやっている40集落で農業青年と夜12時過ぎまで話し合い学習する座学「仲野塾」で知った農業青年たちの意見を農協の職員に伝えた。

こんなことがきっかけとなって仲野氏は「農協の職員の心をつかむことができた」と言う。それからは先進的な農協の活動や農業振興計画を彼らにぶつけてみることで、富里村農協の将来像を意識させていった。こうした真剣な議論をしていったことで、農協の職員の胸襟を開くことになり、仲野氏自身が単なる営農指導の「先生」に留まることなく、リーダーとして認められていく。

仲野氏は当時を振り返りこう語っている。

「うまくいったのではなく、当時、農協の営農事業の厳しい状況下に、農協の組合員だけでなく、理事会も役職員も営農指導員が来れば簡単に改革ができると信じていたのだろうが、そうではない。改革するためには、農協の組合員の意見を職員に伝え、農協の管理職と口角泡を飛ばす激論で何をしなければならないか、といったことを退くことを考えず喧嘩腰で議論をする必要があった。また、組合員の農協に対する意識改革とともに、農協自身の事業に取り組む意識改革を図る必要があった。そのためには嫌なことでも逃げずに、彼らの懐に入って対等の目線で語ることが必要であった。重い、汚い、苦しいことを共有することで、その仲間として認めてもらうことが最初のステップとなる。

JAの営農経済事業改革については、セミナー（研修）に参加し、講義を聞いて学んでも、そのことだけで現場がすぐに変わることはない。これが私の持論だ」。

### (3)「生産部設置規程」の制定による組合員と農協販売事業の一体化

地域農業が司令塔不在のバラバラの状態で、何から手をつければよいか判断に迷うという状態、まさにそうしたところから富里村農協における仲野氏の仕事が始まった。

それは「課題を１つずつ組合員と話し合い、優先度をつけて取り組む事業を作り上げ、その上に参加してきた組合員の意見を積み上げる。農協に経営者の強い意思や取り組み意欲がある有能な人材パワー、それと資金が豊富にあれば、短期間に推し進めることができるが、総スタッフ数が38人の小規模未合併農協の営農指導が、農業生産振興計画等ソフト事業に取り組み、また必要なハード事業を具現化するという取り組みはたいへんなことであった」。

また、「営農指導は組合員からの期待度が強い半面、共販活動を構築していく過程では組合員の地域エゴが出やすく、その調整や課題整理も同時にしていかなければならなかった。そしてそれは簡単ではなかった」。

協同組合運動や事業の展開はそのための組織活動基盤が出来上がれば、後はJAの事業戦略次第で結果が決まってくる。だからこそJAとして戦略を確立するとともに、具体的な販売事業の取り組み方を組合員に明確化しJAの販売事業の「透明性」を確保しなければならない。

その意味で富里村農協が1978年に「生産部設置規程」を制定したことは、組合員と農協販売事業の一体化および永続性を担保することとなった。

この「生産部設置規程」においては、組合員組織でいわれる販売権（つまり分荷権）などに固着した生産販売組織の考え方でなく、生産者組織である「生産部会」を、農産物を有利販売するための組織ととらえ位置づけている。

透明性の確保に関しては、環境変化を踏まえ常に協同組合として考えるべき課題である。仲野氏は今後の課題を次のように語っている。「あれから数十年が経過した。いまもって生産部会という組織形態に変化はないが、販売事業は『複線共販型』とし直販取引などに取り組んでおり、JAは流通の大きな変化と流通改革に対応した新たな取り組みを次々に展開してきた。ここで、組合員の系統共販システム（単協～JA全農（経済連）～卸売市場という流通〈物流・商流〉）に対する考え方がどのように変化したかといえば、系統共販は農産物の販売強化に資するものとしての位置づけよりは、売掛金リスク等を担保する仕組みという意味合いが強く、系統共販の手数料と卸売市場の委託手数料の重複が常に課題としてある。この問題はいずれ系統共販戦略の中で組織討議して解決しなければならないと考えている」。

### (4) 1980年代：生産部会等の組織育成の課題―“説得”と“議論”が「組合員意識を変える」

「JAの営農指導は組合員の現場の声を事業として具現化することが仕事である。そして具現化された事業はJA事業全体が連携して取り組む必要がある」と仲野氏は語る。

仲野氏が生産部会等の組織育成を始めた頃、組合員は富里の南部地域や北部地域などにおいて、所属する出荷組合や農家組合活動を通じて互いに交流していた。しかし管内を統一し７〜８農家組合が１か所の集荷施設を共同利用することになった途端、人間関係がギクシャクするなどしてきたという。その結果、共販（共同販売）で不可欠な「撰別検査」や「集荷時間」などのルールの合意ができずうまく機能しなくなった。そのため、共販はその開始までの過程で多くの問題や課題の解決を迫られることになった。

特にスイカ等の果実は畑で糖度検査して収穫するなどのルールをお互いが守るという信頼構築ができないと、クレーム問題から組織全体が共販の否定に結びついてしまう。

仲野氏は、これを防ぐため組織育成の初期段階では営農指導部署が事前に複数集落のリーダーを説得することとした。地域の中で信頼性や牽引力のあるリーダーとしての資質がある人物を選択し、その方に共販組織の育成と目的を明確に説明する。そしてこのリーダーのもとにさらに複数の役割（支部長、会計、検査長）を果たす人材の目星をつけるのである。それでも共販は個々の経営に左右されるため軌道にのるまではリーダーといえどもその風当たりは強い。それを緩和する役目がJAの営農指導担当ということになる。組織育成の初期段階では販売担当者では対応が弱いため、共販の課題整理についてもその原案作成などは営農指導担当が行い、その原案をもとに組織会議でこれを決定した。

以下、その当時、仲野氏が実際に取り組んだなかからまとめた３つの大切なポイントと、それぞれの具体的実践の内容を時系列に沿って記しておこう。

次々に問題が発生してその対応に追われたように見えるかもしれないが、目指すべきJAの営農指導の姿や役割およびそれを実現するための戦略が明快だったので、ぶれることなく対応ができたと言えよう。もちろん後になって外部環境の大きな変化に対応して戦略を大胆に変更することになるが、戦略とはもともとそうしたものである。だが最初から何の戦略も持たずに進めていたのでは無残な結果に終わっていただろう。

【ポイント１】まず“タタキ台”を示すこと—掃除をしながら整理

（具体的実践の内容）

①1983年に「経済連が野菜分荷を組織決定」したが、反対が多いため営農指導が説得。

②1984年に「運送利権」騒動が発生。組合員と職員が、この業者癒着騒動に対する“信頼回復”を図った。

③1986年には、共販を進めるJAと「組織統一を阻む卸会社」との戦いが生じた。ここでは“視点を変えた説得”を行った。

④1987年には、共販の規格統一がまとまらないという問題が生じたため、“営農指導主導”で目揃い検査を徹底。

⑤1988年には「収穫適期基準50日ルール設定」。これも“営農指導主導”で行った。50日ルールとは、「スイカの収穫適期は開花後何日と決まっているため、ミツバチによる受粉後すぐ農家が標識を付け、50日積算温度の標準があるのでそれに従って農家が収穫するとスイカは一定の糖度になることを利用した収穫適期基準」を営農指導が示し農家に徹底を図った。

⑥1989年には「出荷容器と組織統一」を行った。そのためオリジナルキャラクターを導入。

⑦1990年には「指定品種の統一」を図った。作りにくい品種と“マーケット戦略優先”で品種を統一。

【ポイント２】「うちの農協の特徴は」と組合員と取引先が言えること

（具体的実践の内容）

①1981年には「間違った組合員加入」解消を図った。新たな制度説明を行い、“説得と加入促進”を実施。

②1983年には「廃棄野菜の販売先確保」を行った。販売先として加工原料野菜を購入する企業の開拓を実施。それが組合員の“年寄りの小遣い”となった。

③1989年には「予約相対取引と安値」の問題が生じた。このため、B～C級品の有利販売戦略である“平均単価底上げ”を図る販売を実施。

④1990年には、「系統分荷と市場特徴対応」を実施することとし、個別市場の緻密情報“等階級仕分け”を把握した販売実施。

【ポイント3】育成もするが“壊すことも必要”—営農指導の本気度

（具体的実践の内容）

①1983年までに「13部会（品目組織）の育成」を行ったが、活動が低下した組織の5部会を“廃部”。

②「廃部の原因」は組合員の主体性がなく事務局任せの“リーダー不在”。

③部会（品目組織）の「再活性化計画」を営農指導から販売事業課に指示し、“1年間の活動”を審査。

④「認定要件の判定」は、営農指導が分析して“組合長報告書”を作成しそれに基づいて実施。

⑤「活動を維持」するため部会活動以外での共販指導を“グループ化”。

### (5) 1990年代：新たな取り組み—戦略の転換期

1991年頃から始まったバブル経済の崩壊による不況が長期化しつつあった1993年には、青果物の卸売市場価格は組合員の「再生産価格」を割り込み、JAが目指した産地戦略（大型共販）は徐々に軌道修正せざるを得ない状況に迫られてきた。このままでは農業後継者が農業を継げないと生産部長や組合員から厳しい意見が出され、これまで取り組んできた大型共販による有利販売の達成を目指したJAの販売事業戦略の修正が必要となった。

JA富里市では、すでに1992年にそれまで1つだった販売事業と営農指導を担当する部署を指導課と販売課に再び分割していた。その理由は「販売と指導が一体化した部署ではそれぞれの事業深化が図れず、またスタッフの業務が兼務化しており窓口対応は組合員にとって便利だが、職員研修などでも専門分野に特質した人材が育たない」と仲野氏らが考えたためである。

この結果が、1995年から99年までに外食産業や量販店取引、ピッキング事業など新たな取引と事業が次々にJA富里市に導入されるという成果を生み、現在に至っている。

JA富里市では、指導も販売も元は営農指導員から始まり、その人材がそれぞれ指導課と販売課に分かれ特徴的な事業を開拓してきた。ちなみに現在はまた営農部門（営農指導課、営農販売事業課、営業開発課）として大きく括られ各課が配置されている。JA富里市の機構改革は良い意味で「朝令暮改」である。常に指導の置き場所と販売事業のあり方を変えている。

仲野氏によると、「その理由は、販売環境が常に変化しており、この対応を迅速に図るためにはそれぞれ人材育成に努めなければならず、同一環境では日常の業務に忙殺され人材育成が図れないからである。さらに能力の深化を図るうえで環境の違う部署への異動により発想力や創造力を養うことが重要と考えるからである。『人材は仕事を通じて育つ』のである」。

また次のように指摘している。「ところでJAの事業全体に言えることだが、自らの業務・事業をどう捉えるかという視点では、狭く系統（農業やJA）という「業界」の立場からしか捉えられず、より広い「業界」全体に自らの業務・事業を位置づけることができていないのではないだろうか。その結果、社会経済情勢の変化に的確に対応した事業改革が難しくなっているのではないかと心配している。その最たる部分が、『組織対組織』の物流や商流行為に帰着していると思う。時代はすでに取引判断や決定権が量販店などでは現場担当（マーチャンダイザー、チーフバイヤー）に任され、その組織の農産物仕入れや販売加工処理等の決定をしている。しかしJAは販売債権等のリスクの問題から組織規定でそうした権限委譲ができない。現行の規定ではすでに直販取引でのスピードが要求される取引に対応できない部分がある。経済事業改革が進まないと言われ事業改革論が打ち出されたが、系統組織はその本質的な改革にまでは至っていない。やはり時代変化を着実にとらえた組織規定の改正や、当該取引上の決定権を持った『人材の育成』が喫緊の課題だと考える」。

さて、話を元に戻そう。1992年に分割した指導課と販売課という２つの部署が特徴的な取り組みを始めた。

１つ目は加工卸企業との加工業務用野菜取引の促進とその手法開発である。さらに1993年「新農業構造改善事業」という国費補助事業の導入による直売施設「産直センター」の設置を推し進め組合員の経営安定を図ってきたことである。

２つ目は1997年に大手量販店との直販取引に取り組み、さらにピッキング事業（野菜小分け処理サービス）を導入し、それまで卸売市場や仲卸会社が取り組んでいた分野に参入したことである。その結果、複数の量販店との直販取引を飛躍的に拡大し、卸売市場に依存した生産販売事業から新たな取引チャネルを増やすことに成功した。

これらの取り組みは組合員に浸透し、農産物価格が低迷するなかで「再生産価格」を維持できる取引として30歳～40歳の組合員の経営に変化をもたらした。それまで複数の作物を組み合わせた営農形態から土地利用型（経営規模拡大）による加工業務用野菜への転換や軟弱野菜（葉もの野菜）の専門栽培などはその現れである。

さらにはJA主導型（企画提案）の企業契約栽培取引などの募集では毎年多くの組合員が申し込みをし、さらなる企業契約取引の開発が求められている状況にある。

以上見てきたとおり、1970年代後半から1980年代までは、農業生産振興計画が生産部会の育成や課題整理のなかで、JAに対する信頼の獲得とその信頼関係に基づく組織共販戦略によって産地基盤を確立してきたが、1990年代に入ると農産物価格低迷が組合員の農業経営を直撃することになった。

そこで、それまで卸売市場取引等でJA共販事業を維持してきた販売や営農指導が再び新たな取り組みを始め、さらにJAの組織機構の変更を繰り返しつつ、時代変化に対応した農業生産振興に取り組んできたと言えよう。

「やはりJAの営農部門（JA富里市では、営農指導課、営農販売事業課、営業開発課）は、需要および流通変化に対応した取引に対して、柔軟な発想力を持って組合員の営農活動を支援しなければならないと考える」と仲野氏は言う。

次節以降では、JA富里市が需要および流通変化に対応した取引を進めてきた経過やさらに将来を見据えた対応について見てみることとしたい。

### (6) ギブ・アンド・テイク—企業とJAの知識の交流

1995年に、JAは加工卸会社との業務用野菜の契約栽培を組合員に斡旋した。このことを切っ掛けにJAは、加工卸会社を通じて実需（外食企業）との接点を持つこととなった。仲野氏は「外食産業との取引のなかでJAは、実際に彼らが何を求めているかを学ぶことができた」という。そしてJAから外食産業に対しては、「農業や野菜の品質特性など彼らが卸売市場で知ることのできない情報を教えた」。つまりギブ・アンド・テイクということになる。またJAは、企業からの契約取引要請に対して、組合員を説得し、組合員が安心して契約取引に応じることができる方策を考えるなど新たな道に歩み出すことに繋がって行った。

1999年に仲野氏は米国西海岸のレストラン事情視察に参加した。そこで、トレーサビリティ（traceability：食品の流通経路を生産段階から最終消費段階あるいは廃棄段階まで追跡が可能なことにする仕組み）を学び、日本で最初に契約取引で用いた。

「当時は外食産業ビジネスの勃興期で、各社は料理メニュー開発競争が激化しており、次々に新たな野菜の模索が行われていた。私のところには、野菜の使用部位の利用方法や、市場で入手できない野菜についての問い合わせが多くきた。こちらとしては営農指導（技術屋）の強みを生かし、野菜の種類や特性など企業側にないさまざまな農業に関する専門的な情報をフルに活用し取引につなげていった。反対に加工卸会社にとっては他社との競争力を如何なく発揮することができたのである」。

以下、仲野氏とJA富里市が、加工卸会社や外食産業などとの企業取引で得たノウハウの概略を紹介しておく。

① 流通課題と産地対策—JA・生産者・企業のトライアングル

・納品の安定対策「120％作付けルールと安定供給」

野菜は気象条件によって収穫数量が左右される。このため契約出荷量を確保するために、契約出荷数量の２割増しの120％を想定して播種する。するとたとえ収穫量が減少したとしても契約出荷数量は確保できる。いわば保険である。しかし、順調に120％生産できた場合の20％を無駄にしない別の売り先の確保がJAの役割となる。

・農業情報を営業窓口に直結「顧客相談の対応能力向上」
・実需企業の農場委託栽培への対応「首都近郊産地の可能性」
・鮮度と品質要求への対応「鮮度＝50km圏プラス契約圃場」
・新たな提案野菜の試験栽培「研究や生産者管理とその情報発信」

②　コスト削減と生産安定―JAの役割

・B～C級野菜規格の取引と生産性向上（いも、根菜、果菜類）
・規格の簡素化と労働コスト削減（長ネギ、葉物、根菜など）
・流通容器のコンテナ化とコスト削減（廃棄プラスティックコンテナの利用など）
・自然災害被害野菜の加工向け販売の可能性（果菜類など）
・野菜の産地渡し（運賃コスト削減など）

③　企業交渉に必要なスキル：産地指導者を育てる―何を、誰が、いつ、どのように、どのくらいを明確にする

・交渉力（品質、規格、数量、単価、農法、容器、引取場所など詳細に）
・説得力（事前交渉に基づき生産者の選定と栽培委託交渉「試算」）
・指導力（事前取引内容に基づいた生産者・グループの育成）
・管理力（契約内容に基づいた生産から出荷までの管理義務）
・解決力（取引上で生ずる課題の対応力「リアルタイム・スピード」）
・実務力（品質劣化、欠品およびウエイティング・引取り拒否など契約書に明記）

④　ネゴシエーション―双方への橋渡し

・品種選定（メニューおよび調理「歩留まり・カット」加工適性）

・鮮度維持（収穫、調整、輸送、工場から各工程確認と受渡責任）
・栽培方法（農法条件「有機JAS規格、特別栽培、慣行栽培」のトレース能力）
・数量取決（基本「期間または面積」ならびに生産および納品の日量、契約書明記）
・納品規格（卸規格、業務野菜規格、独自規格、リスク分散規格など）
・価格決定（基本は「週／月／年間」市況連動（または参考）価格、再生産価格「産地試算」）

※　スクランブルオプション（自然災害等の事前および事後の対処方法）

・産地情報の発信（畑と目的物の状況「リアルタイム」）
・収穫物の利用可能性（加工歩留まり、廃棄物の状況確認）
・目的外調達（被害状況に応じた他産地からの調達能力）
・被災者への対応（復旧支援対応「肥料、資材など補助」見舞い金）

⑤　生産安定支援—機械施設のリース

農業経営において生産期間や品質維持を図る目的から機械施設等の整備にイニシャルコスト（初期投資額）をかけている。しかし販売先など諸条件を明確にしない場合は農業経営の大きな負担となる。JAでは1989年から組合員に対して園芸施設生産振興を図るため、組合員を対象とした鉄骨ハウスおよびパイプ型ハウスのリース化を推し進め、契約栽培などに対して優先的に貸与している。また軟弱野菜等の未調整および調整品の鮮度劣化防止として簡易保冷庫（1.5坪～６坪）を併せて貸与している。

リース資産は利用料としているが本来の手数料的な要素は入れず、JAは自己資金（投資額）の減価償却費のみ、組合員のリース返済は鉄骨ハウス15年間、パイプハウスと保冷庫は７年間として年２回の利用料返済を義務付けている。

企業との契約取引においてハウス投資は採算性が単価的（市況の20～30％安い）な面で引き合わないが、露地栽培も含め年間取引が進むなかでは秋冬期の生産安定が必要となりその対応からリースを実施している。

リース資産は原則償却期間後に組合員（利用者）に払い戻す、現在の減価償却割合（簿価）のみとし、その施設はさらに10年間以上利用が可能で契約取引および直販取引等に用い、個々の農業経営の安定に資するものとなっている。なお現在も毎年組合員の希望によりリース資産を貸与しているが、行政等の財政再建議論が高まるなか、補助金は年々減額されているため、現在はJAの自己資金によるリース資産の取得も行っている。

### (7) "加工卸と外食企業の変化" —企業業績と影響

JA富里市における企業取引は1972年から加工原料野菜など40年以上の経験を積みあげてきた。

「その間に多くの失敗や成功を繰り返してきたが、組合員の農業経営は昔も今も変わらない。取引先との蜜月関係は、時として企業統合や株式上場などによる取引先の経営上の大きな変化、あるいは外食産業景気が上昇局面にあるか現在のように消費低迷の局面にあるかなどにおいて、農業側が交渉で相手側に譲歩せざるを得ないこともあり、その都度、組合員から嘆きの溜息やJAへの不満の発露といった場面も多くなってきた。経験的なことからいえば大企業といえども豹変する。これまでJAが交渉を背負い組合員を守り相手から有利な条件を引き出すことに成功してきた対応力（スキル）に限界が見えてきた。企業取引は経済情勢に大きく影響されるのである。このことをわれわれ農業側は認識しなければならない」と仲野氏は指摘する。

そうしたことへの対策として、JAは「多様な販路開拓により取引バイパスを整備」しなければならない。具体的には、卸会社や仲卸会社さらに商社や、直接外食産業との販路など複数のチャネルを「情報化」したなかで、需要が下ぶれした場合であっても過剰分をスポット的に処理し吸収できるネットワークを構築しておくことが必要である。

仲野氏は次のように指摘する。「加工卸会社は実需企業からの委託加工を中心に営業しているが、取引先は過不足の対応や納品リードタイムなど厳しい条件がありそのロスも負担となっている。また食の外部依存が進行している状況において消費の低迷が追い打ちをかけ、業界は調達価格の引き下げを行うなど、そのコストを加工卸会社や契約産地に押しつけているのが実態である。また卸売市場ルートの場合には卸売市場がそのコストを受け持つなど業界の慣行はいまも変わらない」。

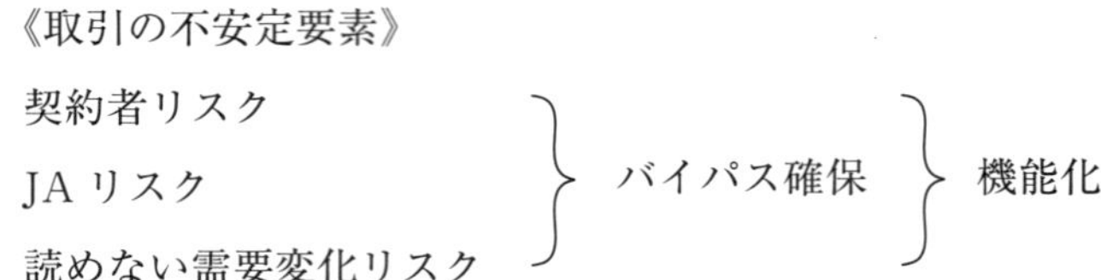


(8)“卸経由も含め”直販取引の拡大

JA富里では1997年に冬人参の直販ピッキングサービスに取り組んだ。それまでは卸売市場に冬人参を年間160万ケース、10数社に共販していたが、量販店との直販取引を推し進める過程において、小分け処理を首都圏近郊産地で取組むことができないかという相談を受けた。

成田空港隣接地の富里町では産地商人が輸入野菜や国内各産地野菜のピッキング処理に取り組んでおり、農業者の野菜等の「庭先買取り行為」が横行し系統共販との競争状態にあった。そうしたなかでピッキングサービスは量販店との直販取引において欠くことのできない接点と仲野氏は考えた。

「ピッキング処理を行うことができれば、需要情報では膨大な情報を得ることができ、国内および海外産地の情勢などの情報がもたらされることから、野菜産地として販売戦略を有利に展開するために必要な多くの情報が得られる。また、消費者行動といったマーケティングの現場情報は、卸売市場からもたらされるものよりスピード感があり、産地の変わり目や季節的な需要変化をとらえる場面では、他産地に比べスピーディな展開が可能となるなど、直販事業メリットが発揮できる」からである。

このことから双方向（量販店と産地直販事業）での関係性が拡大化するとともに産地と消費者の結びつきが強化され「顔の見える産地」や「安心・安

全」の農産物供給体制づくり、さらにプライベートブランド（PB）戦略などにいち早く取り組むことができたと言う。

JA富里市の販売事業は、組合員の営農形態に対応した組織共販（品目部会）を中心として直販事業（インショップ、企画提案取引など）などといった複数のマーケティングチャネルを総合的に展開する販売戦略として発展してきた。「農産物販売は、社会経済状況に影響され需要状況の変化が常に起こる。だからこそ素早く需要状況等の変化をキャッチすることが死命を制することになる」と言う。

以下は、JA富里市が行っている①縮小するマーケットにおける「ベストパートナー」づくり、および②企業と組合員との窓口対応としてのJAの役割、について仲野氏に整理していただいたものである。

①　縮小するマーケットでの「ベストパートナー」づくり―関係性の強化

a. 卸売市場との無条件委託販売：販売先の確定と情報取引

b. 卸売市場を経由した量販取引：小売店直送販売

c. 量販店との直販取引拡大：ピッキングサービス、PBなど

d. 量販店への組合員参入：インショップ取引（間接・直接）

e. 量販店との組合員連携：イトーヨーカ堂による「セブンファーム富里」取引

※「セブンファーム富里」は2008年8月農業法人登記／事務局は営農部営業開発課

f. 中間業者との直接取引：仲卸、商社などとの業務契約取引

g. 業務用野菜企業取引：加工卸、外食、中食など

h. 原料用野菜企業取引：ジュース、菓子など

i. インターネット販売の強化：楽天およびJショップの運用

②　組合員の窓口対応としての役割

a. 卸売市場への無条件委託販売：経営体の選択（共販部会）

b. 特殊野菜販売：千葉エコ認証、有機JAS、J-GAP（販路別）

c. インショップ取引：量販店、産直センター（直売所）、その他

d. 買い取り販売：ピッキングセンター設置運営

e. 業務用野菜契約取引：企業取引（企画募集）

f. 原料用野菜契約取引：企業取引（企画募集）

g. スポット販売対応：組合員窓口相談により販路設定（価格数量）

h. 量販店企画対応：PB、「セブンファーム富里」協力農家、その他

### (9) 地域需要の拡大と産直事業の取組み

元々JA富里市の管内は、畑作農業地帯で専業農家率43％の比較的経営規模の大きな2～3haの家族経営農家が広がり卸売市場に野菜等を販売していた。富里町は都市住民と空港関連人口で1993年に人口は5万人を超え、農家人口は7,000人であった。隣接する成田市なども含め地域は農業と都市住民の交流が進み、産地野菜の需要希望が増大してきた。そうしたことからJA富里市では1996年に産直センター1号店（112㎡、34坪）、2003年に2号店（211㎡、64坪）と2カ所の農産物直売所を設置した。2009年の販売実績は6億円となり限界説があったが、地域の養護施設や病院、学校などへ給食用食材の供給を始め9施設との契約取引を行って販売を伸ばした。

また地域提携として商工会議所や行政との連携で「ふるさと産品育成協議会」を設立、組合員を加え地元農産物の加工品開発に取り組んでいる。さらに弁当などを産直センターで販売する組合員や豆腐屋など商工業者も加えて地域消費拡大に取り組んでいる。これらの施設・機能は組合員や後継者の経営や新たな作物の生産販売、6次産業化など組合員とその家族などの創造性の発揮に寄与している。また、農産物価格が低迷する中でこれまでの卸売市場販売や量販店との直販事業と異なる多様な販路の1つとして組合員などが手がけた工夫や実践が日々の日銭となり個々の経営に結びついていると評価できる。

○JA富里市における産直事業活動の促進

・学校給食および養護施設等への農産物需要拡大

・産直販売拠点の多店舗化構想の達成（組合員販売環境の整備）

・県内産直センター農産物販売提携の促進（7か所と提携）
・産直センターの20％規模拡大（既存施設の拡大計画）
・加工施設整備計画の取り組み（地域住民参画と加工研究の取り組み）

### （10）営農経済事業における諸問題

JA富里市の営農環境の中で、現在のJAの営農指導の取り組みは、農業政策に連携した業務のウエイトが高く、その取り組みは「担い手対策（認定農業者対策）と農地利用集積事業（行政要望）の取り組みに重点を置かざるを得ない状況になっている。このため本来の指導事業はどうしても採算性からスタッフ不足に陥り、本来あるべき姿とのギャップに困惑することになってしまっている」と仲野氏は危惧しているが、営農指導はJAの販売事業を担う営業開発課および営農販売事業課と連携しながら次のような取り組みを行ってきている。

○営農指導による販売事業のバックアップ

①　生産履歴記帳の確認事務　年間2,300項目（品目別数に比例）
②　毎月巡回訪問の実施
③　千葉エコ認証申請事務　品目数　8品目（140人の部員）
④　J-GAP研究会の指導　参加数　20人
⑤　野菜品種肥料試験展示圃指導　部会研究対策　2部会（400人）
⑥　農産物検査業務（自主流通米検査）　2,600俵
⑦　施肥防除指導および情報発信　年間24,000部
⑧　県および国野菜施策補助事業申請　年間20件
⑨　生産部会病害対策指導　年間500戸
⑩　共同利用機械の貸出事務（作業受託）　年間200件

「JA富里市の営農経済事業の戦略の特徴は、過剰な機械施設投資をせず身の丈に合った取り組みを展開してきたことである。事業取引で必要な資源は、産地商人や業者、あるいは企業の施設などと提携することにより調達・確保

し、JAはマーケットから求められる農産物販売に機能を集中し、組合員が生産する農畜産物を『有利販売』すること」(仲野氏) である。

ただし、過去の産地間競争の時代には生産規模や販売額がマーケットを左右するいわゆるプロダクト・アウト、あるいは強引な力業(ちからわざ)のマーケティングの時代であったが、今日では、取引先ニーズや実需者である大手量販などのマーチャンダイジング（商品政策：「品揃え〔仕入・在庫〕」・「価格決定」・「販売形態の選択」）への対応能力で競争する産地戦略の時代に移行してきた。そうしたなかで、仲野氏は「JAが大切にすべきものは、出資者である組合員、女性、青年部（後継者）である。儲け主義のマーケティングでは農協の存在価値はなくなる」という。だからこそJA富里市は「組合員ニーズを如何にマーケットに伝えるかという努力と工夫をし、反対にマーケットニーズを組合員に伝え、販売機会を失わないようにする取り組み」をしてきている。

これがJA富里市における「指導事業による販売事業のバックアップとマーケティング」のベースにある哲学なのだと言えよう。

著者は何度かJA富里市を訪問してきたが、2008年11月10日に当時の営農販売部直販開発課で量販店対応業務の担当者、H氏（31歳）から伺った話を鮮明に記憶している。

H氏は、26歳でJAに中途採用で入組して５年目だった。スーパーのバイヤーとの商談を担当してきた。「価格の決定権を与えられているので、仕事はやりがいがある」と言って自身の仕事の内容を語ってくれた。

「ニンジンの場合には、９月ぐらいから商談を始めます。いつぐらいに、どれだけの量が出る、価格はこれぐらいになるだろうと、ニンジンの成育状況を見ながらバイヤーに情報を提供していきます。実際の発注は２週間前に提案がオーダーされます。例えば、11月17日（月）には、２週間後の12月１日からの１週間分の価格と量がオーダーされます。ただし、発注の確定は、１日前か２日前になります。そのオーダーを見てあまりにもかけ離れた量でなければ対応します。こうした取引の性質があるので、前日、前々日に必要パック数を確保することになります。

担当者の悩みは、数量がショートしたり、余ったりすることです。数量の読みが重要です。ただ、台風が来たとかで無理なこともあるのですが、それでも原則、約束した数量は出荷・納品しなくてはならないのです」。

つまりこの仕事は、バイヤーとの信頼関係のうえに成立する仕事だというのである。

このため、「バイヤーとは、極力会うようにしています。ヨーカ堂とは2日に1回は会います。イオンとは1か月に1回は会う。西友、サミット、ヤオコーなども電話ではしょっちゅう話をします。バイヤーが人事異動した場合にはなるべく早く会うようにしています。つながりは大切ですから」という。

H氏の1日の仕事は、朝8時にJAに出勤。前日の夜に届いたファックスやメールの案件の処理と電話連絡。午前中は伝票の整理。それから農家回りをする。発注関係で遅いファックスは午後6時～7時頃に来るものもある。

「スイカ、ニンジン、ダイコンなどJA富里市での出荷量が多いものは、品目の部会があります。インショップや量販店向けの葉物野菜などは、地場野菜部会があります。地場野菜部会の中で、葉物担当、ニンジン担当などの生産者には、各生産者の生育状況などを把握していただき、出荷に切れ目がないようにしていただくようお願いしています」という。

また、「新品種を導入する場合には説明会を開催します。種苗業者を呼び説明させます。そして、この説明会に参加して、納得してもらった組合員に作付けしてもらいます。1年間に5品目は新しい品種に取り組みたいと考えています。すべてが軌道に乗る訳ではないのですが、10の新品種をやってみると1つは残ります。なにかしらチャレンジしたいと考えています。量販店で売れるものをバイヤーと相談しながら新品種を決めるので、新品種を生産できればそれを納品します。ただし、価格は新品種作付けの後に決まるので価格が保証されているわけではないのでチャレンジです」という。

仕事のうえで、「『再生産価格』を常に考えて商談を行っています。卸売市場出荷ではない分、農家に苦労をかけているので、農家にメリットが出るように、また、出荷した数量を確実にさばけるようにしなければならないと考えています。ですからもちろん卸売市場販売も必要です」。

「バイヤー対応では、部長に報告はしますが、価格等の決定もすべて任せてもらっています。やりがいを感じています。自分が頑張れば農家も喜んでくれるので」と語ってくれた。

こうしたJAの担当者の地道な努力があって初めて、「再生産価格」を実現するために「JAはマーケットから求められる農産物販売に機能を集中」し、「組合員が生産する農畜産物を『有利販売』する」というJA富里市の営農経済事業の戦略が成立していることを忘れてはいけない。

同時に、こうした人材をいかにJAの仕事を通じて育成し、確保していくか、「協同組合としてのJAの人づくり」は如何にあるべきかということを真剣にかつ具体的に考えなくてはならないのではなかろうか。

## 3．おわりに—指導事業による販売事業のバックアップとマーケティング

ここまでの農協の市場戦略は主に卸売市場対応がメインであり、卸売市場対応の基本である「量は力なり」の充実対応を堅持し、組織基盤の強化によるさらなる大ロット（取引単位）の確保と、分荷を推し進めることであった。そのために、共選規格の統一および品質・数量の安定確保、予約相対取引への対応など、卸売市場向けの市場対応に力を注いだ時期である。1990年頃、JA富里市は20年の年月を経て野菜の共販体制が完成したが、その後の市場を取り巻く環境の変化によって様々な問題が噴出した。まず一番の問題は、卸売市場を頂点とする共販体系を完成した頃から、大量生産・大量消費といわれた時代の効率的市場機能を担っていた卸売市場の価格形成機能が低下し始めたことである。本文にふれたように、変わりつつある卸売市場の市場調査を丹念に行い、最終需要者・消費者の様相によってそれぞれの特徴を見出していた各卸売市場で異なる価格形成の特徴をつかむことになる。ちょうど

その頃、卸売市場の卸売業者においても、市場間競争のなかで、生き残りを図るべく、特徴を出すことが不可欠な市場再編期に入ったことと相まって、卸売市場が単一構造ではなく重層的構造であることに気づく。そこで少しでも高く売れるような営農指導体制を築いていった。一律の大きなロット（取引単位）の確保から、卸売市場ごとの特徴をつかんだ分荷による出荷先市場の選択がそれである。しかしそれだけでは卸売市場全体が落ち込んでいる低価格形成には打ち勝てず、次の手を考えないといけない時期が差し迫っていた。そこで農業の基本であるもの作りへの回帰と、発想の転換によるイノベーション（革新）へとつながったのである。

JA富里市の産地形成を支えているのは営農指導部署であるが、技術指導のみならず販売を念頭に置いた指導体系を取っている。最初に契約栽培を事業として起こしたのは営農指導部署である。もちろん契約取引においてもJA富里市は当初から、企業と交渉するときは、農家の「再生産価格」に基づく手取り額で交渉した。

JA富里市におけるマーケティングの特徴を整理すると、自分の生産体系を念頭に置き、無理しない範囲で、生産に合わせた販路開拓を行う、ことになるだろう。そこには継続的農業経営を営むことを重視する意味合いが強い。既存のJAの市場対応といえば、特定市場に生産体系を集約させ、価格形成力が高いブランド化を目指すのが常である。そうなればそのような集約に向いてない農家は当然脱落する。しかしJA富里市は「再生産価格」の概念を市場対応に結合することで、農家個々の経営状況の違いをむしろ生かし、年間を通して多様な販売先を確保することが出来た。また生産者は短期的な収入確保に走ることなく、自分の経営に合う収益を確保できる産地作りを可能とした。一方、企業などの取引や契約栽培においても、JAが農業や地域が持つ特性を企業側に理解させる役割を果たすと同時にお互いの意思疎通を図り、短期的な市況変動に柔軟な値決めができるような相互理解と信頼関係を構築してきた。そこには必ずJAが責任を持ち、仲介を行うという原則を貫いており、何より営農指導をベースにしたマーケティング構築を強く意識して取り組んだことが大きい。

（資料１）

JA富里市がこれまで実現してきた競争優位と組合員メリット

１．産地商人・近隣農協との競争優位を確立している

① 情報販売戦略と販売先の確保⇒「平均単価底上げ（地域No.1戦略）」

② 平均価格の底上げ戦略⇒「B～C級品の販売（廃棄野菜を加工販売）」

③ 相手が持っていない販売企画⇒「企業との契約取引促進など」

④ 指定産地と価格安定事業の加入⇒「系統出荷の強化（共販３要件の確立）」

⑤ 産地商人も販売対象⇒「地域品質No.1と系統集荷率による強み」

２．営農振興計画と基本ライン整備により組合員の期待を着実に実施してきた

① 主体的な販売組織との合意形成⇒「産地の将来像を明確化」

② 組合員との約束⇒「生産部設置規程（指導草案）」

③ その器（集荷施設）の整備⇒「５大集荷場構想と受益設定（39農家組合）」

④ 大型共販の時代⇒「共販３要件の運動展開（組合員合意と市場説得）」

（注）「共販３要件」とは、共選・共販・共計のセットのことをいう（仲野氏の資料原文のとおり）。なお「共販３原則」は、無条件委託・平均販売・共同計算をいう。

⑤ 独自開拓⇒「新作物の導入と産地化（企業契約とJA主導型）」

⑥ 企業提携とサービス⇒「農業参入」から「買い取り販売」まで

３．JA富里市の組合員メリットは競合を制している

①　生産部会と予約共同購買利用度70％⇒「JAの供給価格は商系現金買いより安い」
②　集荷場利用料を徴収しない⇒「30数年無料」
③　無条件委託販売方式の販売手数料は1.0％⇒「40年間据え置き」
④　京浜市場全域エリアの野菜運賃は10kg当たり@73円⇒「最低運賃を約束」
⑤　購買手数料は全体平均で11.7％⇒「毎年の利用配当0.54％」
⑥　生産部等活動費への助成は毎年2000万円⇒「指導予算（組織強化費）を確保」

（出典：仲野隆三氏作成資料より）

## 資料2
## JA富里市営農指導事業における組織育成とマーケティング・イノベーション実現の経緯―1969（昭和44）年から2009（平成21）年までの主な動き―

| 年 | 元号 | 主な出来事／組織育成の取り組みなど | 管内の状況と改善に向けた取り組みなど |
|---|---|---|---|
| 1965年 | 昭和40年 | ○西瓜緑斑モザイクウイルス（CGMMV）病の多発により名産「富里西瓜」は全滅、被害額は4億円に及ぶ。営農指導員（技術者）を望む声が組合員から強く出る。 | |
| 1968年 | 昭和43年 | ○当時の富里村農協には既成の部会組織はなく、米、麦、落花生、スイカ、ハクサイなどの受託販売・精算事務を事業としていた。 | |
| 1969年 | 昭和44年 | ○営農指導員として仲野隆三氏を採用 | ○農林省ウイルス研究所（当時）に学び、CGMMV血清凝固反応による検査を農家に巡回して実施。→1972年に撲滅宣言 |
| 1971年 | 昭和46年 | ○当時、スイカは1戸当たり40a程度の栽培規模で、裏作に秋冬ハクサイが生産（360ha）されていたが、換金作物が少なく安定した作物を求める声が強くなる。 | ○地域土壌や気候特性を考慮し、埼玉県入間や茨城県阿見町のゴボウ栽培を富里村に定着させる。（1974年まで産地化、関東・関西地区向け、90haで生産し出荷）<br>※当時、丸朝園芸農協にはゴボウ部会がなく、富里村農協の一元集荷体制を1972年に確立しすべて共販（共計化）する。<br><br>○ソース製造企業「山屋食品」と農協で加工トマト契約栽培契約を締結。25haで75人の農家が加工トマト契約栽培を始める。1973年までで終了（＊→1974年） |
| 1972年 | 昭和47年 | ○近隣の農協「丸朝園芸農協」に組合員400人が加入。高度経済成長期の野菜需要拡大と産地化に向けて、富里村農協における生産組織育成が当時の川島組合長（故人）の命題であった。 | ○西瓜緑斑モザイクウイルス病の撲滅宣言。再び「特産スイカ産地」復興を遂げる。 |
| 1973年 | 昭和48年 | ◆第1次オイルショック | |
| 1974年 | 昭和49年 | ○スイカ「急性萎縮症」の大発生と対策、連作障害（被害面積80ha）拡大、行政機関を含め薬剤試験圃場を設置、組織への指導体制を確立（～1980年まで）<br><br>○山屋食品との加工トマト契約栽培終了。前年(1973年）のオイルショックで企業業績低迷、企業側がトマト規格の厳格化を要求し、交渉が決裂 | ○クロールピクリン剤施用および輪作ならびにリゾクトニア菌抵抗性台木（夕顔）の発見と普及指導により1980年には、発生が2%以下となる。<br><br>○加工トマト企業契約破棄に伴い、津村順天堂製薬と漢方薬「三島紫胡」の試験栽培を、農協の営農指導で取り組み、1975年から生産部会を育成する。（～1983年まで） |
| 1975年 | 昭和50年 | ○津村順天堂製薬と漢方薬「三島紫胡」の契約栽培の生産部会を育成する。 | |
| 1978年 | 昭和53年 | ○農協組織に既成部会（農協内の生産部会）がなく、産地戦略がとれなかったため、組合員の系統出荷を推進するために、「生産部設置規程（指導草案）」を設定した。<br><br>○農協は組合員との間で荷主交付金を生産部育成の原資とすべく雑収入処理することを、当時の西瓜組合と白菜組合、ゴボウ組合の3組合（受託販売事業）とトップ交渉し、約2,200万円の荷主交付金を系統出荷部会育成のために収益処理する。 | ○生産部設置条件を組合員に提示：①30人以上の生産者が共同販売に取り組んでいること、②作物を3ha以上皆で栽培していること、③2つのことが3年以内に実現できること。<br><br>○生産部会として農協組合長あてに、農協の営農指導部署経由で申請し、農協が認めた場合、農協は部会の活動計画に沿って組織強化費を支払う。（総額2,200万円で、販売実績により活動費支払う。毎年申請する必要）所轄は農協の営農指導部課。 |

| 年 | 元号 | 主な出来事／組織育成の取り組みなど | 管内の状況と改善に向けた取り組みなど |
|---|---|---|---|
| 1979年 | 昭和54年 | ○農協青年部組織の構成員高齢化に対する若返り化（農業後継者18歳〜35歳）を取りまとめ<br>・40集落農家（各農家組合別の説得活動）<br>・従来の青年部員は生産部会を活動拠点に<br>・３年間で、現在平均年齢53歳の部員を再編成<br>⇒1981年まで | ○29集落の農業後継者（青年部加入450人）<br>・加入自由の原則（出荷組合、宗教・政治を問わない）<br>・脱退自由の原則<br>・年齢制限（18歳〜35歳）を超えたら農業研究会へ、さらに農協生産部会で活動を基本 |
| 1980年 | 昭和55年 | ○夏季端境期の換金性作物を模索。農協の指導事業として5 ha、生産者を試験栽培に募り取り組む。湖池屋かカルビーポテトかを選択。結果としてカルビーポテトと1980年に契約締結。 | ○このとき、加工馬鈴薯の普及指導と荷受け業務、精算事務を営農指導部署で実施した。理由は、スイカ出荷で忙殺される販売事業課は荷受け対応ができなかったことによる。<br><br>※生産者数はピーク時の契約面積 100ha、2009年は70ha、2,800tを毎年納品。 |
| 1981年 | 昭和56年 | | ○津村順天堂製薬の業績悪化により、契約面積は75ha、北部地域の高齢農業者180人、1億8,000万円をピークに減少し、1983年に企業契約を終えた。 |
| 1983年 | 昭和58年 | ○津村順天堂製薬との企業契約を終了。<br><br>○大型共販集出荷施設（５大集荷場構想）の取りまとめ・計画の策定（指導計画／生産振興計画）<br>☆目　標<br>・富里管内を5か所の野菜主出荷場（構想）で大型共販戦略を促進する。<br>・「量は力なり」、系統販売の一本化<br>・丸朝園芸農協に流れた組合員をJA富里に戻す（懸案）<br>・経済事業利用強化と促進（販売と購買事業の連携）<br><br>⇒1987年まで | ○経済連とゴールドパック社と富里村農協との三者契約により加工ニンジン出荷契約締結。<br><br>○農家組合（40集落）の施設機械利用計画と集落座談会の開催と集落営農移行調査を実施。<br><br>○５大集荷場構想と補助事業（ニンジン指定産地、秋冬ダイコン指定産地、多品目複合産地事業を1984年、85年、87年に導入）の規模決定と組合員合意の取りまとめ。<br>・中央集荷場(1,000 ㎡)、1972年ハクサイ供給確保<br>・東部集荷場(660 ㎡)、1982年冬ニンジン指定産地<br>・西部集荷場（660 ㎡）、1984年秋冬ダイコン指定産地<br>・南部集荷場（660 ㎡）、1981年冬ニンジン指定産地<br>・北部集荷場(500 ㎡）、1986年多品目複合産地 |
| 1984年 | 昭和59年 | ○加工原料用冬ニンジン（ゴールドパック社向け）の適正品種を発見。試験圃場を設置。1983年に締結した経済連とゴールドパック社と富里村農協の三者契約による冬ニンジン（低位規格品）の加工原料向け出荷2,800tおよび加工原料向け専門栽培用品種（黒田五寸）から新たな品種の発見を営農指導として取り組む。<br><br>⇒1988年まで | ○普及機関および経済連、種苗会社12社に呼びかけ協力を要請する。<br>・加工原料向け品種試験について理解させる（当時は、専門品種や適正などは理解されなかった）<br><br>・ゴールドパック長野工場（官能試験等で2品種が評価）、契約栽培等で導入。 |
| 1985年 | 昭和60年 | ○1985年4月1日から町制移行。富里町農業協同組合に。 | |

| 年 | 元号 | 主な出来事／組織育成の取り組みなど | 管内の状況と改善に向けた取り組みなど |
|---|---|---|---|
| 1988 年 | 昭和 63 年 | ○富里農協　西瓜部会の共販統一化計画（説得）<br>西瓜部会は系統共販化したが、45 支部（下部組織が 40 集落の中に 45 支部存在）それぞれが京浜市場 1 社と県外市場 1 社を個別支部指定市場として生産販売活動を 40 年以上に亘り続けてきた。このような組織形態は卸や取引先にとって、品質や荷口の揃いが定まらず産地形態として不利。だが農協の役職員はこのことを改善できなかった。<br>※仲野氏は毎晩支部を訪問し説得、3 年間を費やして 70%の連合共計達成を図る。（後に 90%まで加入）<br>○ 5 大集荷場構想がここで生きる。（何のために集荷場施設を造ったのか、組合員に知ってもらう）<br><br>⇒1992 年まで | ○共販戦略の構想（有利販売の目標を策定）<br>・生産者（部員）の説得（自分たちの市場意識を根絶）<br>・卸売市場の説得（卸が邪魔をすることの対策）<br>・毎日、5 か所の集荷したスイカの選別統一を指導。＊営農指導員の役割（部員の意識改革）<br>・卸の集約化（48 社を 14 社の指定市場）<br><br>【戦　略】<br>○すべての支部が納得しないでも、先行して大型共販を優位に販売する。そのための品種選定や技術改革で「量は力」の意識を高める。<br>○先にメリット構築すれば、残りは付いてくる。 |
| 1989 年 | 平成元年 | ◆バブル経済ピーク（12 月 29 日東京証券取引所大納会終値、日経平均株価 38,915 円 87 銭）、翌 1990 年 11 月頃からバブル崩壊が始まり、その後のデフレ経済へと進むきっかけとなる。 | |
| 1990 年 | 平成 2 年 | ○冬ニンジンの価格安定制度加入促進を 40 集落の農家組合および人参部会支部説明会を実施。<br>＊当時はデフレ経済の下、野菜価格が大幅に下落。450ha に及ぶ冬ニンジンの生産意欲は低下。緊急対策として、指定産地（価格安定事業）への加入推進を実施。<br><br>⇒1996 年まで<br><br>○生協（新潟コープ、千葉コープ）向け生産者組織の東部集出荷施設利用計画の策定と説得。<br>・施設受益者（8 農家・組合員）と生協向け生産者の施設利用問題の調整（当時の生協向け生産者は共販部会から差別的な取り扱いを受けていた） | ○販売事業では対処できないため、営農指導部署が担当し、毎晩、組合員を公民館に集め、価格安定制度と資金造成について説明。<br>・冬ニンジン生産者が 100%加入、栽培面積が拡大。<br>・秋冬ダイコンも同様に加入促進。<br><br>○生協向け生産者（22 人）の施設利用は組合員営農活動の 1 つであることを受益者会議で説明。<br>・共同施設利用規定の設定。<br>・生協向け生産者の施設利用料は販売手数料規定に準じる。<br>・販売事業チャネルとして位置づける。 |
| 1992 年 | 平成 4 年 | ○1992 年 4 月から JA グループは農協の愛称として「JA」の使用を開始。富里町農協は、「JA 富里」に。 | |
| 1993 年 | 平成 5 年 | ○組合員営農生活対策と農業生産振興計画の促進<br>【組合員営農調査の実施と課題解決】<br>・農業機械類の過剰投資の抑制対策<br>・地域住民（5 万人）との地産地消運動の促進<br><br>⇒1997 年まで | ○新農業構造改善事業の導入<br>営農実態調査と生産部会、女性部、青年部、農家組合長会との座談会を経て、<br>・1996 年産直センターの設置（延面積 270 ㎡）<br>・1997 年農業機械センターを設置<br>・ 大型共同利用機械の整備（加工馬鈴薯等） |

| 年 | 元号 | 主な出来事／組織育成の取り組みなど | 管内の状況と改善に向けた取り組みなど |
|---|---|---|---|
| 1995年 | 平成7年 | ○加工卸企業とファストフード（ハンバーガー）用トマト契約取引を実施<br>・営農指導から任意組合に加工卸契約を紹介。3か月で解除。その後に加工卸から外食契約取引が次々に提案されてくる。<br>・加工卸の営業活動と連動。毎年2月に営業担当者と生産者を交えた会議で需要情報等が伝わり、生産者意識の改革が始まる。 | ○サイゼリヤ専門農家の育成は、営農指導から経営試算表を作成して生産者を説得。需要量が増加し3戸の農家グループを育成して年間取引サイクルを樹立した。<br>○ちゃんこ料理の江戸沢とのハクサイ契約栽培は80tの生産者グループ（4戸）を組織。<br>○オリジン東秀との契約取引<br>※取引部署を農産課（販売部門）に移管し、営農部は技術および栽培指導に戻す。 |
| 1996年 | 平成8年 | ○野菜のピッキング（小分け処理）の開始<br>※全農東京センターおよび小売直接販売取引を開始<br>○1998年処理施設の設置<br>（販売部門から小分け施設の設置要請「指導計画」）<br>※理事会へのピッキング事業計画の説明と説得<br>※くみあい食品との連携事業 | ○ピッキング作業は管内産地業者を活用（アウトソーシング）<br>※冬ニンジン等を小分け処理<br>○380㎡の事業規模（3か月で能力オーバーでパンク）<br>※小分け作業委託契約の締結、株式会社富里グリーン<br>※委託先が施設投資により規模拡大<br>○2000年、全農千葉県本部が富里に施設設置<br>※イオン等の小分けと棲み分け<br><br>※2005年に全農は小分け事業から撤退 |
| 1998年 | 平成10年 | ○(株)アレフとの有機栽培契約取引契約の締結<br>※加工卸から有機栽培農産物の情報入手 | ○EM（有用微生物群）農法の農業法人「丸和園芸組合」の説得<br>※営農指導より加工卸と実需者（アレフ）取引を説明<br>※春ダイコンおよび秋冬ダイコンの年間契約取引契約締結<br>※値決めおよび契約期間、規格・出荷方法の決定 |
| 1999年 | 平成11年 |  | ○農協の営農指導課で業務課が連携し、生産管理記録を履歴書として発行。<br>※生産者に生産履歴を説明、指導する。 |
| 2002年 | 平成14年 | ○2002年4月1日から市制移行。富里市農業協同組合（JA富里市）に。<br><br>○長ネギ生産者の育成（15人）<br>※加工卸企業から、中国産輸入に対して、ホール用長ネギ需要（従来の国産流通荷姿）の契約を求められ、市場流通のネギ生産者を説得。<br>※長ネギの生産者は営農指導で育成、販売事業で卸流通形態を取っていたが、輸入ネギ価格の影響から生産が減退傾向にあった。<br><br>⇒2004年まで<br><br>○大和イモの契約栽培（15ha）<br>・組合員営農作物の開発を促進する。<br>・組合員の契約栽培取引意識の高まり。<br>・農協主導型（生産部等の組織化から個別取引に重点） | <br><br><br>○加工卸工場渡し、5kg1箱(850円)を提示<br>・コスト対策として生産資材5%削減設計の合意<br>・流通コスト対策では容器45円（普通は90円）<br>・他の野菜併せ便を活用し1箱運賃35円で合意<br>・規格は2L～Lサイズのみとした。<br><br><br>※3年間継続したが、顧客が安い中国産に切り替え終了<br>○中間業者との契約取引の契約締結<br>・農家組合への栽培希望募集（回覧）<br>・栽培講習会および圃場巡回指導<br>・一元集荷検品および納品 |

| 2003年 | 平成15年 | ○「西友」取引企画（インショップ）への参入<br>・生産者組織の育成<br>・集荷施設の利用計画の再構築（共販品との問題）<br>・生産者の意識改革（教育）<br>・受発注および納品、精算処理等の体制整備<br>・担当職員の育成（365日／8:00〜20:00対応）<br><br>○生産履歴記帳運動の推進展開 | ○2009年現在、西友、ヤオコー、イオン、ヨーカ堂、その他33か所への農産物直販を展開<br>・中央集荷場内保冷庫（550㎡）を活用<br>・地場野菜直売部会を設立（160人の部員）<br>・手数料40%（量販店27%、運賃10%、JA 3%）<br>・生産者がJAの多様な販売機能をうまく利用<br><br>○生産部会での合意（通常総会決議） |
|---|---|---|---|
| 2005年 | 平成17年 | ○近江生姜の契約取引<br>中国野菜の問題から国産の栽培へ<br>・契約栽培および取引の組合員募集<br>・農協主導型（部会組織にしない）<br>○さといもの契約取引<br>中国野菜の問題から国産の栽培へ<br>・契約栽培および取引の組合員募集<br>・農協主導型（部会組織にしない）<br><br>○農産物の輸出の試験的農産物取引<br><br>○鉄道線路（駅中）販売の取り組み | ○営農販売部の事業課による中間業者との契約取引<br>・生産者数32人<br>・契約数量300 t<br>・契約面積7 ha<br><br>○営農販売部の事業課による中間業者との契約取引<br>・生産者数10人<br>・契約数量30t<br>・栽培面積3 ha<br><br>○香港、台湾など<br><br>○中間業者（商社）と地下鉄 |
| 2006年 | 平成18年 | ○千葉エコ認証農産物拡大の取り組み<br>○農林水産省エコ認証の取得（冬ニンジン等）<br>○イオンPB（冬ニンジン）World GAP取得（1件）<br>○職員のJ-GAP研修（営農指導員2人） | ○スイカ　4万ケース<br>○冬ニンジン　5万ケース<br>○秋冬ダイコン　2万ケース<br>○夏秋トマト、落花生 |
| 2008年 | 平成20年 | ○イトーヨーカ堂との農業法人設立「セブンファーム富里」<br>・リサイクルループ（食品残渣⇒堆肥化⇒野菜生産）<br>・農産物ループ（企画⇒生産流通⇒店舗）<br>・安全安心ループ（生産者⇒JA⇒ヨーカ堂店舗） | ○出資比率（ヨーカ堂10%、JA10%、組合員80%）<br>・農地2 ha＋α<br>・協力農家数（組合員10戸） |
| 2009年 | 平成21年 | ○農業生産振興計画の策定<br>・計画年度2009年度<br>・組合員公表　2010年度通常総会<br>・事業実施計画　2010年度<br>・計画年限（2010年〜2013年）毎年進捗管理 | ○バキューム保冷施設＋Waiting施設<br>○多元機能一元集荷施設（1次加工等処理）<br>○体験機能付き大型産直センター（イベント型機能）<br>○企業提携システム導入（企業との契約農場等）<br>○GAP普及指導と中核農家育成 |

出典：元JA富里市常務理事　仲野隆三氏作成資料により作成。

# 第4章
# 新たなイノベーション戦略論（農産物マーケティング論）

吉田 成雄・柳 京熙

## 1．はじめに

第2章と第3章で見てきた事例の大きな共通点は、JAが置かれた状況の違いは別として、JA甘楽富岡とJA富里市という2つのJAがそれぞれ実践したことはまさに農業協同組合の本質に迫るものであったということである。

ではここで農業協同組合の本質とは何かを、木下公士（1962年）の論考を手がかりに考えてみよう。木下公士は農業協同組合の本質を次のようにまとめている。

「自由意思による生産者が、大規模生産（あるいは取引）の有利性にもとづいて、個々の人の経済の一部を共同（所有）の設備によって営み、相互の協力行動により最大可能な利益を収めようとするものである」(注1)。

だが、ここで注意すべきことは、「最大可能な利益」とは農業協同組合（組織）の最大利益でもなければ、組合員（個人）の最大利益でもないことである。なぜ「最大可能な利益」という表現を使っているかについて、真摯に考えることが重要である。この概念について第1章4節に詳しくふれているが、この言葉こそ農協に最も相応しい「総体的利益の最大化」と同じ意味で読み解く必要があると考える。そうでなければ協同組合の存立基盤は崩れ去ると考える。なぜなら協同組合は営利企業ではないからである。同時に、「最大可能な利益」とは、経済事業・営農指導事業・信用事業・共済事業・

福祉事業など複数の事業を兼営する「総合農協」という事業の形をとっている日本の農業協同組合にとって、量的に還元（JA総体的利益を事業ごとに正確に分解）できない性質をもっているからである。簡単に言えばJAの経済事業は協同組合事業の一部に過ぎず、他の事業と切り離して組合員へ提供した価値（利益）を計量化することは困難を極めるからである。

しかしながら農業生産や農産物販売をめぐる環境は、わが国が直面する人口減少と超高齢社会を迎えた人口構造の変化、消費構造変化、また、輸入自由化の進展、産地間競争、農産物流通の変化、加工・業務用需要の増大などを背景に、農産物価格の引き下げ圧力が強まっている。デフレ経済環境では、かつての成長経済のトレンドの延長に将来の市場を想定することはできない。

では、こうした厳しい経済環境の下で、強い危機意識を持つJAであれば、経済事業とくに販売事業における「最大収益」を実現するチャンスを求めてマーケティング環境の変化に敏感に反応し、イノベーションを起こそうとするのは当然であると言えるのであろうか。やはりそうとは言えないだろう。

だからと言ってこれまで培ったJA活動のすべてを否定する悲観論に陥る必要性は全くない。なぜなら昨今のJAが抱える問題とは、世界的な価格競争の中で本来JAが提供すべき価値と組合員個人の経済的利益が一致していないところにあるからである。このため、全体組織の中で販売部門を強化していくことは当然重要であり、また価値と利益を一致させることが組織運用のネックになっている以上、可能な限り一致させる手段として、マーケティング活動を強化していくことは当然の流れであろう。ただしここで注意を払うべき問題は、本質から外れた、行き過ぎたマーケティング活動あるいは誤ったマーケティング万能主義である。マーケティングを単に「セリング」（販売）であると誤解した無差別的マーケティング活動は、何のための、誰のための協同組合なのかという本質から逸脱し、JAの利益追求が目的化してしまい、その行き着く先では組織の存立根拠までが脅かされることが十分予想されるからである。

その意味からいえば、第２章と第３章の事例が持つ大きな意義は総合JA

といった独自性を維持しながら、いかにJAらしい組織を実現させるのかについてのわれわれの疑問に答えていることにある。その根底には協同活動を促進するといった協同組合が従うべき原則に則って販売事業など営農経済事業で著しい成果を上げたこと、またそれによって総合JAとしてのJA運営のあるべき姿を具現化したことである。その意義は極めて高い。なぜならそうすることで、今後とも農業協同組合という組織そのものが存続しつづける可能性が開けるからである。

ここで改めて、なぜ昨今、熾烈な価格競争が行われる中で、協同活動が重要なのかを確認しておきたい。

わが国の農業協同組合が成立するための重要な要因として、各組合員の農家経済（生活・生産・販売）の一部がすでに「協同」に強く結合されており、その上に農業協同組合が存立していることが指摘できる。

むしろ現実は協同活動への参加といった個別の意思決定の主体性そのものが、個別の経済的動機（選択）による行為よりは、JA共販（共同販売）に委託する際、必要となるプロセス：すなわち、選果・選別、包装、販売といった活動に関するJAの作物部会ルールに取り込まれていると言えよう。それは当然、順守されるべきだとする“善意の”威圧（threat）が常にJAや部会組織内に明示的に存在しているといえよう（注２）。

ただし、右上がりの成長が続く限り、このような“威圧”は組合員の経済利益を得る手段として作動しており、大きな問題にならなかった。共販への協力は、個人の利益の最大化にも大きく貢献したからである。しかし、今日の経済状況下で、JA共販の仕組みと、これまで蓄積されてきた経験はどのような影響を与えているのだろうか。

JA甘楽富岡とJA富里市という２つのJAにおける営農経済事業ではこの問題を意識的に汲み取り、本来JAが果たすべき「協同行為（協同事業）によって明らかに組合員の総体的利益の最大化」の可能性をもたらし、「組合員とJA」（とくに「組合員とJA営農経済事業」）がお互いにより多くの利益を獲得することができる新たな事業モデルを提示しているという共通点を持っている。

この事業モデルでは、これまでやむを得ず、同一方向（JA共販による産地から卸売市場に向かう出荷）の流通に出荷量をまとめることで有利販売をしようという従来の方式を見直し、それぞれの組合員に合わせた（または組合員が選択できる）重層的方向性（市場が一面的でない重層的な構造であることに合わせて産地も一面的な対応ではなく重層的に対応するといった新たな市場対応）を提示したことであると考える（注3）。

同時に、２つのJAは、これまでの「JA→卸売市場」といた単線的な一方通行の市場対応から脱却し、組合員の農業生産の態様を生かしたJAのマーケティングの方向性へのシフトと、それに合わせて組合員との新たな関係を定立（注4）している。

そこには「発想のイノベーション」が見られる。それは産地と卸売市場といった市場に取り込まれ、個々の生産者の個別性が消滅する関係ではなく、組合員の個々から見た「市場」（卸売市場だけでない広義の市場）とは何か、といった逆転の発想から組合員との新たな関係定立が図られ生まれてきた新たな市場対応を可能としたことである。

つまりJAが主体的意思をもって、卸売市場に限定せずに自ら選択した複数の「標的市場」を明確に設定し、それらの市場を組み合わせるマーケティングへの転換を図ったことでもある（注5）。

それはJAが選んだ１つの「標的市場」に個々の組合員を無理に合わせるのではなく、個々の組合員の生産力を最大限発揮できる複数の「標的市場」を見つけ出し、それら「標的市場」と取引するマーケティングの仕組みを成立させたことである。なお、この仕組みについては少し後で「マーケティングチャネル・ミックス」という考え方を使って整理しよう。

また、「市場」の捉え方を、「系統組織」の側面から作り上げてきた事業方式が想定してきたものとは切り離し、JAが主体的に再構築し、経済事業をきちんと「事業」として成立させる戦略に転換したことも大きく評価できる。

こうした市場対応を「農産物マーケティング戦略」あるいは単に「農産物

マーケティング」と呼ぶことにする。このような戦略は非常に抽象的である一方、実践的な側面を持ち高度な実務能力を必要とすることから実現には大きなハードルがあることを前提にしておかないといけない。またJAによってその経済条件が相違しているため、一概には言えないが、著者は「農産物マーケティング」の前提条件として、「持続性・関係性・循環性」といったものの三位一体性を想定する。それは究極的に言えば、「生産が消費を規定するマーケティング活動」―すなわち自然条件などの地域性に合った生産方式ではなく、昨今の市場価格（消費）に左右される生産方式（産地形成）へと向かってしまったことへの反省を踏まえて、「農産物マーケティング戦略」を「自ら再生産価格に基づき、主体的価格形成（適正価格の実現）を目指すと同時に生産者の主体的市場対応（主体的労働・協同・価値実現〔価格形成〕）を行うこと」と定義する。

「農産物マーケティング戦略」とは組合員にとって「最大可能な利益」の実現のための手段であり、究極的に地域に利益が還元できる高度の戦略性を持った理念でもある。

それではこのような理念をいかにして実現できるか、既存のマーケティング論を借りながら展開してみたい。

まずマーケティング論の核になるバリューチェーンから考察してみることにしたい。

バリューチェーン（価値連鎖）が企業の競争優位性をもたらす理由は、企業内部のさまざまな活動を相互に結びつけることで、市場ニーズに柔軟に対応することが一番のキーポイントである。

しかしながら、JAの営農経済事業において、組合員の農業経営とJAの機能を上手く連結させ、「組合員の農業経営を基点するバリューチェーンを構築して価値を生み出すという目標を持った組織体としての総合農協」を構想したことが果たしてこれまでにあったのだろうか。

もしかしたら個々のJAがそれぞれの１つのシステムに多様な組合員の農業経営を“綴じ込み”、協同の名の下で、組合員を単に“生産を担当する者”

にとどめてしまい本来の“農業経営者”となることを結果として妨げてきたのではないだろうか。その反省なしでは組合員主体の「農産物マーケティング」は実現しえない。

著者はすでに考察した協同組合の行動原理（作動原理）が、いかに経済的美辞麗句を並べても農業協同組合が直面した問題を解決する代案になれなかったのは、「協同」という本質を本質ならしめる組合員と組織の関係を描くことが不可能だったからなのではないかと考える（注6）。

JA甘楽富岡とJA富里市という２つのJAの事例から組合員とJAとの関連性、また地域資源の有効活用と最適配分、ひいては組合員にとって「可能な総体的利益の最大化」が持つ本質（経済利益の量的還元より、価値と利益を一致させたこと）を明らかにすることは、新たな「農産物マーケティング」に関する概念を体系的に整理して提案することに繋がるものであると考える。わが国における農業協同組合が果たす役割が過小評価されているなかで、この提案は緊急性を要することだと考えている。

## ２．営農経済事業のとらえ方

JAの営農経済事業は「赤字事業」だが、信用事業・共済事業の収益で補てんされることでかろうじて事業継続ができている、という考えが誤りない事実であるかの如く定着している。あるいは、営農経済事業は組合員とJAとのつながりを強化するために必要な事業であり、仮に営農経済事業がなくなったら、JAの信用事業・共済事業も円滑な事業推進が困難になってしまう。だから営農経済事業は「赤字事業」ではあるが大切だ、という考え方も根強い。

だが、ほんとうにそうなのだろうか？

そもそもJAとは営農経済事業という事業活動を協同で行う組合員の集まりなのではなかったのか。つまり「それからこれを除いたら、それがそれでなくなってしまうもの」という「本質」を論じるのだとしたら、営農経済事業とは農業協同組合の不可欠な本質そのものではないのだろうか。その「本質」事業がJA経営のお荷物の「赤字事業」として、あるいはJAの信用事業・共済事業のプロモーションや普及宣伝の「必要経費」として位置づけられる事業であって良いはずはないだろう。

こうした落とし穴にはまってしまうのは、安易に組合員とJAとを2つに分けて考えてしまうからである。

だからこそ、組合員とJAの位置づけを、「顧客と企業」との関係でなく、可能な限り「協同組合を構成する組合員と役職員の役割・機能の分担」という関係としてとらえることとしたい。もちろん農業協同組合法の規定で農業協同組合は法人格を与えられている。法人とは、権利義務の主体たる資格（権利能力）が認められた存在である。その法人と組合員（多くは自然人）とがコミュニケーションを密にし、組合員の積極的参加を前提に、役割・機能の分担をどのようにデザインし、「生産者手取り最優先」のJA営農経済事業をどのように構築するかということである。

そこで、営農経済事業に関わる組合員を次のように位置づけ、そこを起点にしたJA営農経済事業論（また同時に農産物マーケティング戦略論）を展開することとしたい。

「組合員農家」という幅広いとらえ方ではなく、「農業協同組合」の営農経済事業への参加者である農業経営の「主体」を明確にし、「農業経営者（生産者)」として対象の位置づけを明確化する。また、農業経営の「主体」である「集落営農」や「農業生産法人」についても、その「経営者」（自然人）を明確に意識する。

ただし、「農業経営者（生産者)」とは、法人経営・大規模経営者だけではなく、兼業農家であっても、定年退職後の帰農者であっても、戸主・世帯員の別なく、当然、老若男女を問わず、経営のリスクを考えながら自分自身が選択した形で農業に取り組む人であればみな「農業経営者（生産者)」であり、農業経営の「主体」である。例えば、群馬県のJA甘楽富岡では、地域を挙げて人材の発掘や栽培品目の見直しに努めた。その結果、大規模な農家と、少量多品目を直売所や首都圏の量販店のインショップ向けに作る農家が共存する産地に生まれ変わっている。なかにはインショップ向け出荷で年商800万円を稼ぐ80歳の女性もいた。「農業経営者（生産者)」とは多様な存在なのである。

その「農業経営者（生産者)」を起点にしつつ、農業経営者（生産者）とJAによる農産物マーケティングのバリューチェーン（価値連鎖)、あるいはサプライチェーン（供給連鎖）を描き直す。

そこには、これまでの通説とは違った新たな可能性を実感できるJAの姿が浮かび上がって見えてくる。

基本的にマーケティングの目標は、商品・サービスの「差別化」を図り、市場における「ポジショニング」(Positioning）と「ブランド化」(Branding）を促進することである。そのため「市場の細分化」(Market Segmentation）をしてそこから「標的市場」(Target Market）を慎重に選択するのである。そして、マーケティング・ミックス——製品・サービス(Products)、価格（Price)、流通（Place)、プロモーション（Promotion）——を決定し実施する。企業は自社の商品を差別化し、それを基盤にして自社の差別化商品だけの排他的な市場を作り上げようとする。

ただ、こうした「差別化」によって排他的市場を維持し続けることは困難である。他の企業など競合が不得意とする分野で参入の魅力を感じない「ニッチ（隙間）市場」を狙う場合は別として、参入障壁や模倣困難性がそれほど高くないのであれば、簡単に他の企業など競合が参入してくる。魅力的な市場ならば、資本力・研究開発能力・製造能力・宣伝力などで圧倒的に優位にある企業（コストリーダーシップがある大企業など）の参入を招き市場を奪われてしまう。

農業市場においては、こうした競争戦略やマーケティング戦略は、寡占が進み独占度が高い分野、すなわち生産資材産業（農機具、農業用施設、肥料、農薬など）や食品工業（ビール、牛乳、加工畜産物など）のアグリビジネスの分野では広く展開されている。

しかし、ほとんどの農産物に関するマーケティングが、参入障壁が極めて低い非独占の分野でのものであり、大企業が製造する工業製品の場合のマーケティングと同じやり方で「差別化」や「市場の細分化」と「標的市場の選択」を教科書的なマーケティング・プロセスどおりに行ったとしてもそもそも市場における競争優位性の確立は難しく、それを維持することも困難である。このため、農業生産者と協同組合とが一体となった「組合員とJA営農経済事業」のマーケティングの取り組みにおいても、市場細分化と標的市場の選択、ポジショニング、マーケティング・コンセプトの決定には、より深く考え抜く努力とさらなる熟考が求められる。

また、豊富にモノがあふれる市場環境においては、生産したものを売るという「プロダクト・アウト」的な発想から、売れるものを作るという「マーケット・イン」的な発想に立ったマーケティングが不可欠となっている。ただし、消費者・実需者がまったく知らなかった“新商品”を開発・生産・販売し、新たな“価値”を提供する「プロダクト・アウト」の重要性を否定すべきではない。消費者・実需者が“欲しい！”と思うものを開発し生産するということこそがマーケティングの根本だからである。

マーケティングについてさらに言えば、本当に大切なことは「セリング」（販売）のテクニックではないことである。

JAの営農経済事業に対して、P .F. ドラッカーの５つの問い（第１章で見た４つの問いにもう１つの問いを追加）に即して問い直すとすれば、

①　われわれ（組合員とJA営農経済事業）の使命は何か、

②　われわれ（組合員とJA営農経済事業）にとっての顧客は誰か、

③　われわれ（組合員とJA営農経済事業）の顧客にとっての価値は何か、

④　われわれ（組合員とJA営農経済事業）にとっての成果とは何か、

それに加えて、

⑤　われわれ（組合員とJA営農経済事業）が持っている計画は何か、

となる。

この５つの問いを１つずつ突き詰めて考え抜くことは有益である。

そのうえで、協同組合としての独自のマーケティング発想で事業全体を再構築していくことが必要なのである。これはJA営農経済事業が自らの事業のドメインを再定義することでもある。

さて、農産物の「差別化」を考えるときには、地域の風土や環境条件に根ざしたなんらかの工夫によって初めて可能になるであろう。結局は適地適産に尽きるであろう。地域の風土や環境条件を無視したブランドづくりは、工業製品とは違って農産物では成功しないだろう。「銘柄」は地域に特徴づけられた生産物としてのみ意味をもつのである。したがって大企業が行っているマーケティングと同じ視点や同じ手法を真似すればよいとする安易な「農産物マーケティング」を論ずることは、やはり戒めなければならない[(注7)]。

本書では「マーケティング・コンセプト」と「マーケティング・マネジメント」が持つ重要性を認識しつつ[(注8)]、地域資源の保全・活用、また生産力の格差に応じた生産方式（重層的市場対応）をいかに構築していくかということに重点を置いて、農業協同組合が、借り物でない自らのJAの「農産物マーケティング」を考察するために必要となる基本コンセプトに沿って述べた。

つまりこれまでの通説から離れることになることを恐れずに、改めて農業協同組合の役割・位置づけを見つめ直し、「組合員主体の農協」（当然すぎるのだが）を明確にした。それは前述の指摘のように、柳・吉田『新自由主義経済下の韓国農協』において残された課題としたものへの一つの方向性を示しており、新たな日本的視点とマーケティング理論を加えて考察することでもある。こうした理論的な整理の試み自体に大きな意義があると考える。

また総合的に捉えるべき、農協を平面的にまた単純に捉えようとする昨今の政治・経済への批判を踏まえていると同時に、農協組織自ら、平面的な市場対応に終始したことへの自己批判を踏まえた上ので新たな理論的枠組みに試みでもある。

さて、ここで「インターナル・マーケティング」と呼ばれる概念を見てみることにしよう。これが農業協同組合の営農経済事業とは何かを、先ほどのドラッカーの問いに答えながら考えるうえで役に立つと考えるからである。

「インターナル・マーケティング」とは、マーケティング理論の大家フィリップ・コトラーとケビン・レーン・ケラーによる大著『マーケティング・マネジメント』の第12版（『コトラー＆ケラーのマーケティング・マネジメント（第12版）』）から新たに加わった「ホリスティック・マーケティング」（holistic marketing、全的マーケティング）というテーマの要点の１つである。

「ホリスティック・マーケティングの要点は４つある。

１．インターナル・マーケティング――組織内のすべての者、特に経営幹部が、適切なマーケティング原理を自分のものにするようにする。

２．統合型マーケティング――多種多様な価値の創造、提供、伝達の手段が、最適な形で組み合わされ、使用されるようにする。

３．リレーションシップ・マーケティング――顧客、チャネル・メンバー、その他のマーケティング・パートナーと実りある多面的な関係を持つ。

４．社会的責任マーケティング――マーケティングの倫理、環境、法、社会への影響を理解する。」[注９]

マーケティングという概念の位置づけや役割には全体論的な広がりを考慮する必要であり、マーケティングが単なる「セリング」（販売）ではないとするコトラーの主張がここからも分かるだろう。

マーケティング・マネジメント――ターゲット市場を選択し、優れた顧客価値を創造し、提供し、伝達することによって、顧客を獲得し、維持し、育てていく技術および科学[注10]――という概念そのものが、マーケティングが短期的な営利の追求を目指す単なる手段ではないことを意味するが、さらに「ホリスティック・マーケティング」という概念によってそのことがより明確にされている。

さて、ここではこのうちの「インターナル・マーケティング」という概念に注目して、農業協同組合の営農経済事業に適用するために、概念を若干拡張して援用しながら見てみよう。

企業においてはインターナル・マーケティングとはマーケティング部門から部門外の経営幹部など企業の内部に向けた（つまりインターナルな）マーケティングである。

「賢明なマーケターは社内向けのマーケティング活動も、社外向けのマーケティング活動と同等か、むしろそれ以上に重要なものだと認識している。社内スタッフにまだ提供する準備ができていないのに優れたサービスを約束するのはナンセンスである」(注11) というものである。

では農業協同組合においてはどのように理解したらよいのだろう。JAの営農経済事業担当部署が行うマーケティングを考えるとすれば次のようになるだろう。

JAの場合にはインターナル・マーケティングの対象自体が２つの方向に向かって存在する。１つは、JAの営農経済事業部門からJA「内部」の他の部署やJAの役員・職員へのインターナル・マーケティングであり、もう１つは、JAの生産部会や農家組合員というバリューチェーン上の「生産」などの部門に相当する協同組合メンバーという「内部」へ「組合員とJA営農経済事業」がまさにこれから取り組もうとするマーケティングへの理解を促進するインターナル・マーケティングである。後者が前者以上に重要だということになるだろう。

マーケティングが、ともすれば、「販売」力を強化し「農産物を売り込む技術」と考えられているかもしれない。だが、マーケティングの最も重要な部分は「セリング」（販売）ではない。以下、コトラーが引用するドラッカーの言葉のとおりである。

「セリングはマーケティングという氷山の一角にすぎない。マネジメント理論の第一人者であるピーター・ドラッカーは次のように言う。

セリングの必要性はこれからも続くだろうと考えられる。しかしマーケティングの狙いはセリングを不要にすることだ。マーケティングの狙いは顧客を知りつくし、理解しつくして、製品やサービスが顧客にぴったりと合うものになり、ひとりでに売れるようにすることである。理想をいえば、マー

ケティングの成果は買う気になった顧客であるべきだ。そうなれば、あとは製品やサービスを用意するだけでよい。」(注12)

「農業協同組合」においては、農産物の販売先である消費者・実需者という「顧客を知りつくし、理解しつくす」努力とともに、インターナル・マーケティングを重視し、「組合員を知りつくし、理解しつくす」ための努力がより一層求められる。そうでなければ、「組合員とJA営農経済事業」が農産物を販売する対象である「顧客」を満足させることができないからである。

ここでは紙幅の制約から詳細に触れることができないが、理論が持つ現実との不適合すなわち企業（あるいはJA）の利潤最大化と個人（あるいは組合員）の効用最大化とのずれ、または、前述で指摘したとおり、そもそもJA組織が販売事業において利潤（利益）最大化を目指すような経済環境にあったのか、もしそうしたことがなかったとすればその理由とは何か、またそうしたことがなくてもJA組織が存続できる経済状況は今後とも維持できるのかについて真剣に考える時期に直面していると思われる。

とくにこれまでのJAの存立の根拠となっている行動原理（または経済理論）の真意を巡って、さらなる議論を行う必要があると考える。

例えば、原価主義は利潤（利益）最大化とは反目せず、同時にJAと株式会社は組織運営上、反目していないことに注意を払う必要がある。

それを究極的な言い方に言い換えるならば、本来実現すべき需給均衡と資源の最適な配分の実現に向けて、今JAは何ができるのかといったことを真剣に考え、JA組織は全力を挙げてその実現に取り組む必要がある(注13)。

## ３．組合員主体の「農産物マーケティング」

バリューチェーン（価値連鎖）のフレームワーク（「価値連鎖の基本形」）は、一般に**図4-1**のように図示される。

このバリューチェーンの基本形として示される一般的なフレームワークは、製品やサービスを顧客に提供する事業活動（主として製造業）を、「購買物

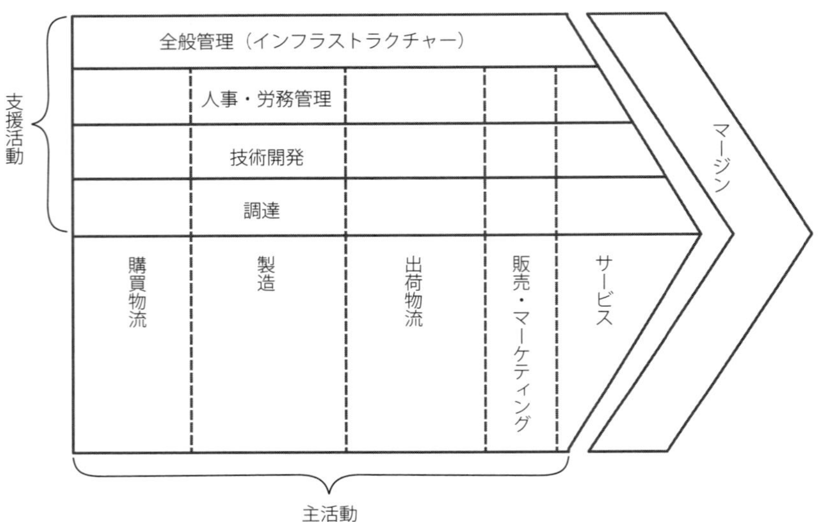


**図4-1　バリューチェーン（価値連鎖）のフレームワーク**
**──「価値連鎖の基本形」──**

注：1）上段が「支援活動」、下段が「主活動」。マーケティング論における、バリューチェンフレームワークによる分析では、「主活動」の各機能の分析が主な対象となる。
　　2）付加価値（マージン）＝総価値（売上）－総コスト（主活動および支援活動のコスト）

出典：マイケル・ポーター著、土岐坤・中辻萬治・小野寺武夫訳『競争優位の戦略──いかに高業績を持続させるか』ダイヤモンド社、1985年、p.49。原著は"Competitive Advantage: Creating and Sustaining Superior Performance", Free Press, 1985.

流」→「オペレーション（製造）」→「出荷物流」→「販売・マーケティング」→「サービス」といった「主活動」を構成する一連の機能ごとに分解して、どの部分に強み・弱みがあるか、どの部分で付加価値が生み出されているかを分析し、事業の妥当性や改善の方向性を探る手法である。バリューチェーンを構成する一連の機能が順次、価値とコストを付加・蓄積するものとしてとらえ、「価値」の連鎖（バリューチェーン）から、顧客に向けた最終的な「価値」が生み出されると考える。

抽象的な説明だけではわかりにくいので、農業生産・販売のバリューチェーンを例に、この**図4-1**の主活動に合わせて考えてみよう。なお、訳語には原著の用語を付した。

例えば「購買物流（INBOUND LOGISTICS）」には、肥料・農薬・種苗など農業生産に必要な資材購買とその配送などが考えられる。生産コストを押さえるための「予約共同購買」、肥料などの集積拠点に各生産者が自分で受け取りにくる「自取り」によるコスト抑制などを考えることができる。例えば、JA甘楽富岡ではインショップ向け販売の組合員は朝7時から8時までの間に集出荷施設に軽トラックで生産物を運んでくるので、その帰りに生産資材を持ち帰ることで手間とコストが省ける。

また、「製造（OPERATIONS）」（＝農業生産、加工）では、農業生産技術の向上などに関してさまざまな工夫を行うことで生産効率を高めることなどを考えることができる。

「出荷物流（OUTBOUND LOGISTICS）」では、例えば、組合員自らがインショップ向けに出荷する生産物を小分けパッケージにまとめ、バーコードと生産者名と品目・価格を印字したシールを貼り、自らが出荷する量販店等の店舗別の通い箱に入れてJAの集出荷施設に持って来る。そして台車に乗せるなどして量販店等の店舗別に分けて置いてあるパレットに置き、手書きの出荷伝票を自らが提出する。このことによって早朝から立ち会うJAの職員数は最低限ですむ。フォークリフトで効率よくトラックに積み込むことができるパレットの使用や通い箱の使用で段ボール箱を使用しなくなったことによる出荷効率の向上とコスト抑制が実現している。また、インショップ向け販売では運送業者の入札による選定により出荷経費を節減している。あるいは卸売市場向け出荷では、北陸や長野県などから東京都中央卸売市場向けに出荷する他産地のトラックの空きスペースに混載して出荷することや、帰り便への貨物積載を実施することで運送費を節減すること、あるいは野菜・キノコなどを小分けパックに加工するパッケージセンター（PC）などの効率運用などを考えることができる。

「販売・マーケティング（MARKETING & SALES）」では、全体的なマーケティング能力の向上を図ることや、野菜の単品売りではなく、複数の農林畜産物をコーディネートした料理材料として関係づけたレシピを提案する“関係性マーケティング”（JA甘楽富岡の黒澤賢治氏が実践から編み出したマーケティング手法。「52週カレンダー」の活用など高度なオリジナリティーがある）によって大手量販店のバイヤーなどとの関係性を強化するマーケティング活動展開などを考えることができる。

「サービス（SERVICE）」では、競合がやらないアフターサービスや小売・加工業者に役立つ産地情報を適時・的確に伝えることや、例えば、産地に都市の量販店などのインショップ販売の利用者である都市の消費者を招待し交流することで関係性の強化を図るなどといったことを考えることができる。

こうした様々な取り組みで、例えば効率化によるコストダウンによって「価値（バリュー）」を生み出し、それらの価値を積み上げることで、生産者の「再生産価格」の獲得と「生産者手取り最優先」を実現する農産物マーケティングを構築している。

以上は例示として、あくまで一般的なフレームワーク（「価値連鎖の基本形（THE GENERIC VALUE CHAIN）」）に当てはめてみたものだが、実務でバリューチェーン分析を行う際には、主活動の「基本形」を業界・業種などで独自の具体的なバリューチェーン（主活動）に手直しして分析することになる。

さて、「主活動」については以上のとおりであるが、これらを「支援活動」、つまり「全般管理（インフラストラクチャー）（FIRM INFRASTRUCTURE）」・「人事・労務管理（HUMAN RESOURCE MANAGEMENT）」・「技術開発（TECHNOLOGY DEVELOPMENT）」・「調達（PROCUREMENT）」が支える。

これが、マイケル・ポーターが『競争優位の戦略――いかに高業績を持続させるか』で示したバリューチェーン分析のフレームワークである。

本書では、「農業経営者（生産者）」を起点にしつつ、JAと農業経営者（生産者）による農産物マーケティングのバリューチェーン（価値連鎖）、あるいはサプライチェーン（供給連鎖）を描き直すことを目的としているため、

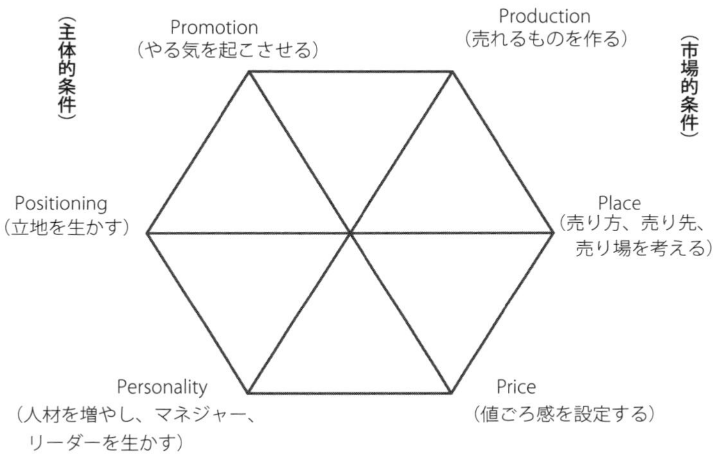


**図4-2　営農指導と販売戦略の展開 ―P-SIX理論―**

マイケル・ポーターのバリューチェーンのフレームワークを大胆にカスタマイズすることになる。

また、マーケティングの教科書では、いわゆる４つのP（Products：製品・サービス、Price：価格、Place：販売先、Promotion：販売促進）――何を、いくらで、どこに、どのように売るかを総合的に考え・実施すること――というフレームワークでマーケティング・ミックスの良否を検討する。しかし、農業経営の「主体」を起点に考えると、今村奈良臣東京大学名誉教授による「P-SIX理論」の当てはまりがよい[注14]。

P-SIX理論では、マーケティング・ミックスの構成要素に主体の「意欲・意志」という人間的要素を加えていることに特徴がある。このためマーケティング・ミックスを「主体的条件」と「市場的条件」の両面から規定している（**図4-2**）。

「主体的条件」にPromotion[注15]、Positioning（立地）、Personality（人材・人物）――やる気をおこさせる、立地を生かす、人材を増やす（マネジャー・リーダーを生かす）――を、「市場的条件」にProduction[注16]、

Place（販売先・販売チャネル）、Price（価格）――売れるものを作る、売り方・売り先・売り場を考える、値ごろ感を設定する――をそれぞれ位置づけ、その全体を考えたうえで、JAと農業経営者（生産者）が一体となったマーケティング戦略を立案する。つまり、組合員である農業経営者（生産者）は、「JAの顧客」や「JAの仕入れ先」ではないのである。JAによる「支援活動」を活用しつつ、農業経営者（生産者）とJAが役割分担をしながら一体的に「生産者手取り最優先」のバリューチェーンを構築し、互いに「Win-Win」を追求する仕組みをつくるのである。

また、この考え方の基本に「売れるものを作る」というマーケット・イン的な考えが据えられており、かつて食糧管理制度が存在した高度経済成長期に支配的だった「作ったものを売る」という硬直的なプロダクト・アウト的な発想からの転換を必要とする。とはいえ、先に触れたとおり、“新商品”を開発・生産・販売して新たな“価値”を提供するという意味での「プロダクト・アウト」が必要であることは変わらない。伝統食や伝統野菜などを発掘し、消費者が忘れていたものや思いつかなかったものや、新たな作物を生産し、新たな食べ方を提案していくことも大切である。そしてまた、後述の「３：３：３：１の原則」で触れるとおり、常に「新作目の試作販売」を行っていくことが求められる。

したがって、「主体的条件」に関して、人材育成――農業経営者（生産者）を増やすこと、生産者としてのステップアップを支援する仕組みなど――についても大きなテーマとなる。また、同時に、営農指導と販売戦略の実現を図るJAの専門能力（営農指導、マーケティング）を持つ役職員の人材育成についても大きな課題である。

「市場的条件」では、複数の多様な売り先（販売チャネル）の組み合わせ――「マーケティングチャネル・ミックス」と呼ぶことにしよう――についても同様に大きなテーマとなる。そこでは、今村奈良臣氏の「３：３：３：１の原則」を分析のフレームワークとして活用しながら検討することが必要であろう（注17）。

同時に、既に見てきたとおりマーケティング論における一般的なフレームワークである「S・T・P」(セグメンテーション：Segmentation、ターゲティング：Targeting、ポジショニング：Positioning) をきちんと使ってマーケティング戦略を作ることが重要である。これは全国に多様なJAが存在するなかで、各JAが自らのブランド価値を、あるいは自らの農畜産物・加工品または観光資源などのブランド価値を適切に評価・管理し、そのブランド力を強化するための戦略を考えるうえで最も基本的で重要なフレームワークの1つである。

なお、セグメンテーションとは市場を「細分化して捉え直してみること」(市場細分化)、ターゲティングとは商品・サービスを提供する対象を、先にセグメンテーションした市場のどこかに「ターゲットを絞って設定すること」(標的市場の設定)、ポジショニングとは自らが提供する商品・サービスを「特定の認知されるニーズに対応させ、位置づけること」(競合との差別化に不可欠) である。

以上見てきた様々なフレームワークは、第2章、第3章で見たJA甘楽富岡やJA富里市における農産物マーケティング戦略の実行にあたっても営農経済事業そのものに埋め込まれており、はっきりと認識されるものである。

かつて農業協同組合の営農経済事業の主な仕事は、産地を形成し、卸売市場における産地としての地位を確立することによる「有利販売」を目指すことであった。そこでは卸売市場が要求する厳格な規格に合わせ農産物を生産することに注力することなど、あたかも「卸売市場」が事業の「基点」であったと言えなくはないだろう。

だが、今後JAは、組合員である農業経営者（生産者）を「起点」とした「生産者手取り最優先」のバリューチェーンを構築した新たな事業への変革が求められている。

そこでは、「マーケティングチャネル・ミックス」の発想が求められる。売り先――直売（直売所、産直など)、直販、契約販売、加工業向け販売、契約生産、卸売市場出荷、新作目の試験栽培とその販売、など――には多様

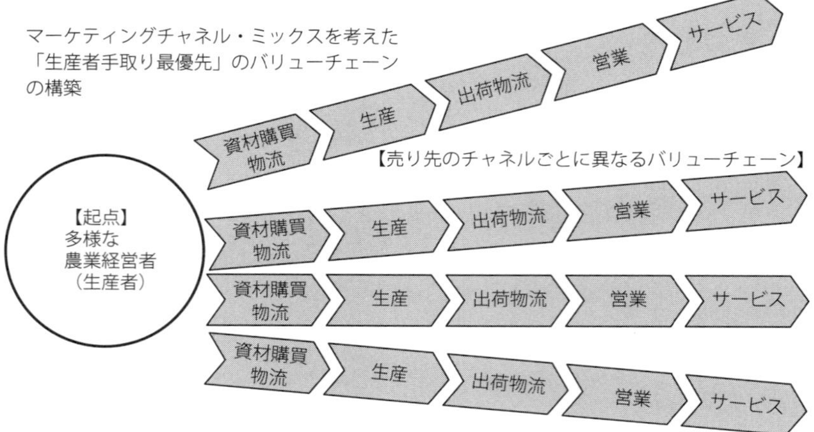


**図4-3　JAの営農経済事業におけるマーケティングチャネル・ミックスの概念**

注：直売（直売所、産直など）、直販、契約販売、加工向け販売、契約生産、卸売市場出荷、新作目の試験栽培とその販売などさまざまなマーケティングチャネルがある。

なチャネルが存在する。そしてそれぞれのマーケティングチャネルごとに、組合員である農業経営者（生産者）を「起点」とした複数のバリューチェーンが存在する。

JAの営農経済事業は、複数のバリューチェーンの最適な組み合わせである「マーケティングチャネル・ミックス」（**図4-3**に概念を図示した）をどう構築しマネジメントするか、という観点からのマーケティング能力が必要とされることになる。それが、「営農経済事業戦略」の中心ということになる。そしてその目的は「生産者手取り最優先」のバリューチェーンの構築である。これがJA甘楽富岡やJA富里市の農産物マーケティングで行われてきたことは既に見てきたとおりである。

しかし、こうしたJAによる農業経営者（生産者）を支援する事業展開は高度な能力が必要である。そのためのJA役職員、生産者ともに「人材育成」がすべての基本にあることはいうまでもない。

さて、**図4-4**は、JA甘楽富岡とJA富里市における営農経済事業を参考に

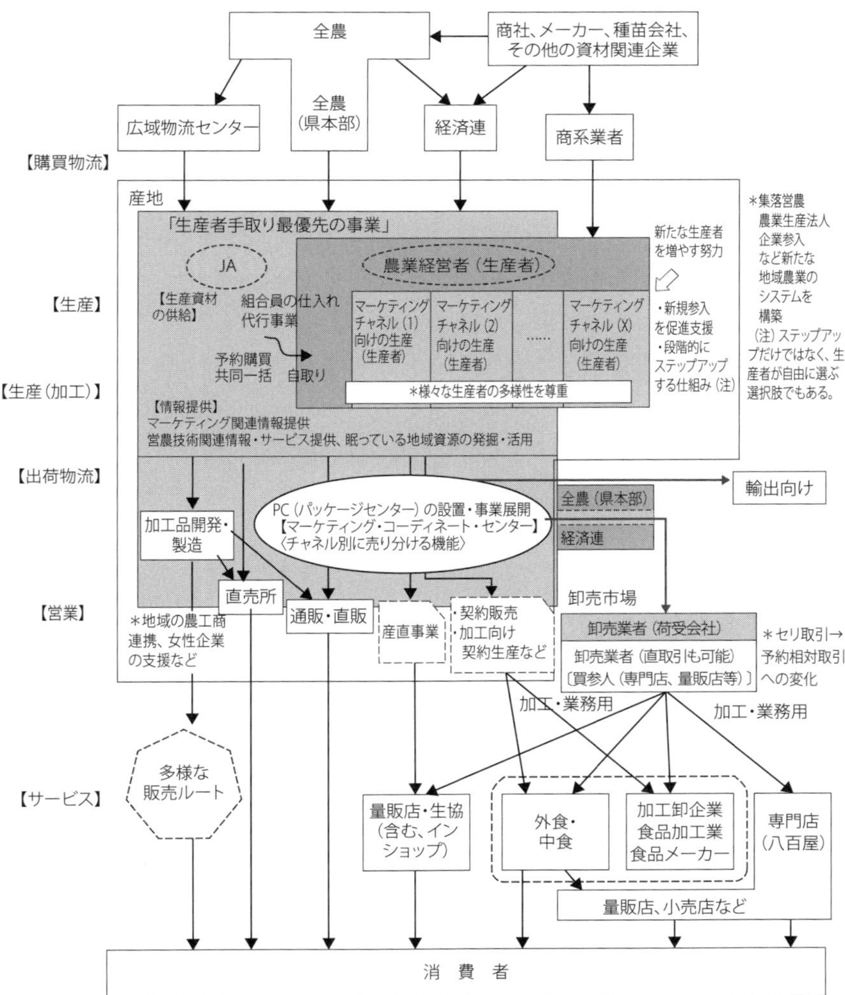


**図4-4　バリューチェーン全体像**

してJAにおけるバリューチェーン（価値連鎖）の全体概要を模式化したものである。細かな点を捨象すれば、２つのJAの取り組みはよく似ている。

この**図4-4**の左側の上から下に向かって、マイケル・ポーターのバリューチェーンの「価値連鎖の基本形」（『競争優位の戦略』1985年、p.49）における「主活動」の流れである「購買物流」「製造」「出荷物流」「販売・マーケティング」「サービス」を、農産物マーケティングに合わせてアレンジして【購買物流】【生産】【生産（加工）】【出荷物流】【営業】【サービス】として記している。ただし、ポーターのバリューチェーンの「販売・マーケティング」を「営業」とした。コトラーのマーケティング・マネジメントの「マーケティング」との混同を避けるためである。

この上から下へと向かうバリューチェーン「主活動」の流れに沿うように、「組合員とJA営農経済事業」に関係するJAのバリューチェーンの模式図を描いてみた。

この図を見ると、「農業経営者（生産者）」を基点にJA営農経済事業が「生産者手取り最優先の事業」と支援活動を行い、様々な「標的市場」に向かうマーケティングチャネルがあることがわかるだろう。そしてそれらのチャネルを組み合わせた「マーケティングチャネル・ミックス」をJA営農経済事業がマネジメントしている姿をイメージできるだろう。

もちろんこの模式図は形式的には、どのJAであってもそれほど大きな違いはないだろう。

だが、大切なことはそれが現実にそれぞれのバリューチェーンの各段階を通じて「生産者手取り最優先」で価値を生み出すための事業となっているか、そしてそれを継続して行っていくことができているか、ということである。それは実際難しいのである。

組合員とともにJA役員・職員の１人１人が、担当する１つ１つの役割と仕事を丁寧に、それもプロフェッショナルとしての高い能力を持って実行し、さらに工夫・改善し、あるいは新しいつながりを作り、それが結果的にイノベーションへとつながる努力があって、初めて価値を生むバリューチェーン

（価値連鎖）が実現する。

しかしそれは、まず何かを始める１歩を踏み出すことからしか生まれない。そこにノウハウが蓄積されていく。しかもそれは最初から完璧な計画の絵姿があってその計画された目標に向かって決められた道を歩いていくことではない。

著者の経営戦略論あるいはマーケティング戦略論における立場は、「不確実性の高い時代には、事業の目的や計画は実際に事業を進めていくうちにおのずと形成されてくる」（ヘンリー・ミンツバーグ）[注18]という考えに立っている。

JA甘楽富岡の黒澤賢治氏もJA富里市の仲野隆三氏も、最初から現在の姿に至る精緻な計画や見通しを持っていたわけではなく、その時点で持っていた戦略を実践し、困難な課題に挑み続けるなかで次第にJAが能力を蓄積し、環境変化に適応しつつ成長し発展してきたのである。新たな食品製造業・加工卸・外食業や中食業・量販店など様々な企業との出会いを逃さず、機会を生かし挑戦してみる。「まずやってみる、それから何かが出てくる」という考え方である。

もちろんリスクを考えず勝算なく場当たり的にやってみるのではない。現状を認識しつつ、めざす目標への到達プロセス――つまり戦略――を意識しながら真摯に努力し続けてきたのである。これを経営戦略論では、「計画的戦略」（イゴール・アンゾフなど）に対して「創発的戦略」[注18]あるいは「プロセス型経営戦略」[注19]と呼んでいる。

JAの営農経済事業のイノベーション戦略論（農産物マーケティング論）を考える場合には、こうした柔軟な戦略がより適していると言えよう。

では、「農業経営者（生産者）」を起点にしつつ、「農業経営者（生産者）とJA」による農産物マーケティングのバリューチェーン（価値連鎖）を考えることにしよう。その際に、マイケル・ポーターのバリューチェーンのフレームワークを大胆にカスタマイズする必要がある。ここでは、「主活動」に比べ注目されることが少ない「支援活動」の部分を拡張して考えてみよう。

**表4-1**「『生産者手取り最優先』のバリューチェーンを考えるためのマトリックス（概念)」は、「生産者手取り最優先のバリューチェーン」を考えるための枠組みとして作成したものである。なお、「マーケティングチャネル・ミックス」を構成する１つ１つのマーケティングチャネル毎にこうしたマトリックス（概念）が１つずつ存在していることになる。抽象的な記述になるが、全体の概念を把握するために必要な思考実験としてお許しいただきたい。

先に**図4-1**で見た、ポーターによるバリューチェーン（価値連鎖）の基本形では、「支援活動」の項目は、「全般管理（企業インフラストラクチャー)」「人的資源管理」「技術開発」「調達」の４つであった。

だが**表4-1**では、この「支援活動」を「(JAの事業)」として考えるために、項目を追加し改変している。なお、「主活動」は、「主活動（生産者を中心に)」としている。

さて、「支援活動（JAの事業)」には、「全般管理（JAインフラストラクチャー)」のほか、「地域資源管理」「人的資源管理」「生産技術開発」「生産」「営業」「調達（資材）／（資金)」のほかに、JA甘楽富岡やJA富里市で行われているように「地域総ぐるみ・協調促進」「地域外部との連携・提携等」といった面からJAによる支援活動を考えようとしたものとなっている。

また、このマトリックス（概念）では、「支援活動」の部分に、先に見たマーケティング論でマーケティング・ミックスの良否を考えるために使われる「４つのP」の「製品（Product)」「販売先（Place)」「価格（Price)」「販売促進（Promotion)」がカバーする項目と、今村奈良臣氏の「P-SIX理論」における①「主体的条件」である「Promotion（やる気を起こさせる)」「Positioning（立地を生かす)」「Personality（人材を増やし、マネジャー、リーダーを生かす)」ならびに②「市場的条件」である「Production（売れるものを作る)」「Place（売り方、売り先、売り場を考える)」「Price（値ごろ感を設定する)」がカバーする項目がそれぞれ対応すると考えられる箇所に配置してみている。

先にも指摘したが、農業経営の「主体」を起点にマーケティングチャネル

**表 4-1　「生産者手取り最優先」のバリューチェーンを考えるためのマトリックス（概念）**

| 支援活動（JA の事業）＼主活動（生産者を中心に） | | | 購買物流 | 生産 | 出荷物流 | 営業（注） | サービス |
|---|---|---|---|---|---|---|---|
| 全般管理（JA インフラストラクチャー） | | | ○ | ○ | ○ | ○ | ○ |
| | P-SIX 理論 | ４つの P | | | | | |
| 地域資源管理 | Positioning：立地を全力をあげて生かす | — | | ○ | | | |
| 人的資源管理 | Personality：人材を増やす、マネジャー・リーダーを生かす<br>Promotion：やる気を起こさせる | — | ○ | ○ | ○ | ○ | ○ |
| 生産技術開発 | Production：売れるものを作る | Product：製品 | ○ | ○ | ○ | ○ | |
| 生産 | Production：売れるものを作る | Product：製品 | ○ | ○ | ○ | ○ | |
| 営業（注） | Place：売り方・売り先・売り場を事前に設定<br>Price：値ごろ感を主体的に設定する | Place：販売先<br>Price：価格<br>Promotion：販売促進 | ○ | ○ | ○ | ○ | ○ |
| 調達（資材）<br>（資金） | Production | — | ○ | ○ | | | |
| 地域総ぐるみ・協調促進 | Personality<br>Promotion | — | ○ | ○ | ○ | ○ | ○ |
| 地域外部との連携・提携等 | Production<br>Place | — | ○ | ○ | ○ | ○ | |

注：１）支援活動に、「地域総ぐるみ・協調促進」を加えた。「協調促進」とは協同活動に近いが地域の企業・団体等との農工商連携など幅広く捉えている。なお、S. M. オスターの「協調を促進する要因（協調促進理論）」を参考にしている（以下の図4-5を参照）。

２）「４つの P」とは、経営学のマーケティング論で適切な「マーケティング・ミックス」を検討するためのフレームワークである。

３）ポーターのバリューチェーンでは、販売・マーケティングとされているが、コトラーのマーケティング・マネジメントにおけるマーケティングの定義とは違うため、ここでは「営業」とした。「狭義のマーケティング」の意味である。

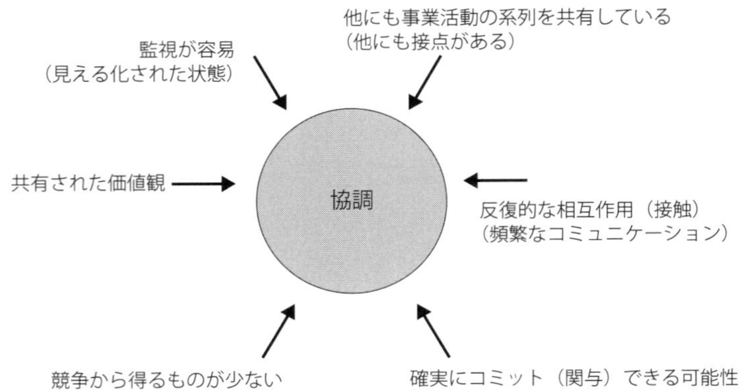


**図 4-5　協調を促進する要因**

注：（　）内は引用者の補足。なお、この「協調を促進する要因」は、非営利組織の間で協調を促す諸特性を要約したものであるが、組織内部で協調が促進される要因として援用して適用することとした。
出典：河口弘雄監訳、S．M．オスター『NPO マネジメントシリーズ②　NPO の戦略マネジメント—理論とケース—』ミネルヴァ書房、2005 年 11 月、p.67
原著：Sharon M. Oster "STRATEGIC MANAGEMENT FOR NON-PROFIT ORGANIZATIONS" , Oxford University Press,1995. p.59

とバリューチェーンを考えるためには、「４つのP」よりも「P-SIX理論」がカバーする範囲が広く仮説としての説明力が高い、より有効な理論的フレームワークを提供していることが分かる。

**図4-5**の「協調を促進する要因」は、シャロン・オスターが非営利組織間で協調を促すための要因を整理したものである。

著者は経営学者の髙木晴夫・慶應義塾大学名誉教授からこの研究論文の存在を教えていただいた。一見して当たり前のように見えることが整理されているだけのように思われるかもしれないが、人間というものに対する深い理解と注意深い観察眼がなければこうした理論的な整理は困難であろう。この協調促進要因のフレームワークは、農業協同組合におけるインターナル・マーケティングの取り組みが適切に行われていうかどうかを確認するうえで極めて実用性の高いものではないかと考える。とりわけ、「組合員とJA営農経済事業」という一体性を保ったなかでパフォーマンスの高い協同活動に挑戦するという「農産物マーケティング戦略」を構想するならばそうである。第２章と第３章で見たJA甘楽富岡やJA富里市においては、JAと組合員とのコミュニケーションが頻繁になされていること、JA営農経済事業やその価値観が共有されていること、透明性が高く見える化された運営がなされていること、そしてその事業の取り組みに参画しコミットできていること、など組合員同士、あるいは組合員とJAとの協調が促進される要因が数多く見出される。

## 注

（注１）木下公士「第５章協同組合とゲームの理論」神谷慶治・沢村東平監修著『新しい農業分析』東京大学出版会、1962年、p.136。
（注２）木下公士「第５章協同組合とゲームの理論」神谷慶治・沢村東平監修著『新しい農業分析』東京大学出版会、1962年、p.145。
（注３）木下公士「第５章　協同組合とゲームの理論」神谷慶治・沢村東平監修著『新しい農業分析』東京大学出版会、1962年、p.139。
（注４）ヘーゲルの弁証法における矛盾解決のための肯定的な命題の主張。
（注５）JAが独自の視点や切り口で市場細分化〔セグメンテーション〕を行い、その中のどのセグメントを自JAの標的市場にするか決定〔ターゲティング〕する。その標的市場に向けた生産・流通・販売促進・価格戦略を実行する。
（注６）柳京熙・吉田成雄ほか『新自由主義経済下の韓国農協』筑波書房、2011年、pp.46-59。欧米協同組合研究の核となる、協同組合構成理論モデル、意思決定理論モデル、性格決定モデルについて詳しく考察したが、理論的に協同組合の存立根拠とその正当性が証明されているとはいえ、総合農協を維持してきた日本・韓国においてうまく適用できなかったのかということについて、何ら理論的根拠が提示されていない。もちろん当時、柳・吉田は批判的検討を加えたとはいえ、とくに日本や韓国においてなぜ欧米と違う様相を見せたかについて適切な批判ができなかった。本書ではそのことを踏まえて新たな批判を加える必要が生じた。批判する側からの視点に立てば、総合農協といった特殊性を強調するあまり、各部門での諸問題について正面から向き合っていなかったことと、いつの間にか、運動と事業を分離して見てきたのではないかと考える。地域資源という側面から見れば、地域＝産地（農産物の大量生産）が同一視され、地域活動＝産地対応に定

式化されたことが、今のJAが抱える問題の根底にあったのではないかと考える。

(注7) 臼井晋『農業市場の基礎理論』北方新社、2004年、pp.77-78。

(注8) フィリップ・コトラー著、ケビン・レーン・ケラー著、恩蔵直人監修、月谷真紀訳『コトラー&ケラーのマーケティング・マネジメント(第12版)』(株)ピアソン桐原、2008年。

(注9) コトラー&ケラー『マーケティング・マネジメント』、序文p.vii。

(注10) コトラー&ケラー『マーケティング・マネジメント』p.7。

(注11) コトラー&ケラー『マーケティング・マネジメント』、p.26。

(注12) コトラー&ケラー『マーケティング・マネジメント』、p.7。

(注13) 制度的相違に由来する日本の特殊性ばかり強調していては、世界の環境変化に取り残され、衰退する道しか残されていない。それはJAの役職員に対してだけではなく、組合員に対しても同時に主張し続けなければならないものである。

(注14) P-SIX理論とは、今村奈良臣氏が、黒澤賢治氏および仲野隆三氏の農産物販売戦略の核心を、英語のPで始まる単語を六角形の頂点に配置し、明らかにしたもの。今村氏は次のように記している。

六角形の頂点はすべてPで始まる英単語で構成されており、六角形の右辺は市場的条件、左辺は主体的条件とされており、この六角形に示したすべての条件を10点満点で充たすような方向へ、営農指導と販売戦略を構築すべきである、という課題を提示したものである。

右辺の「市場的条件」について解説すれば次のとおりである。

① Production 要するに「売れるものを作る」ということが原則である。もっと判りやすく言えば、「種子を播く前に売り先、売り場、売り値などをしっかりと考える」ということである。

② Place これは「売り方、売り先、売り場を事前にしっかり設定しておく」ということである。販売戦略の改革の基本である。

③ Price 消費動向、市場調査をしっかり踏まえつつ、「値ごろ感」を常に主体的に確定しておくべきである。

六角形の左辺は「主体的条件」について示してある。

④ Promotion 「やる気を起こさせる」ということであり、JA担当職員はもちろん、生産者、組合員も「そういう路線なら大いに頑張ってやろうではないか」という条件を作り上げることである。

⑤ Positioning 「立地を全力をあげて生かす」ということである。それぞれのJAの持つ地域特性を生かして生産、販売戦略を確立していかなければならない。黒澤氏のJA甘楽富岡は標高150mから940mにいたる標高差を生かした農業と販売戦略を展開しているし、仲野氏のJA富里市は東京

圏の巨大消費人口を背景に近郊畑作、野菜地帯の特性を生かした販売戦略を展開してきた。

⑥　Personality「人材をふやし、マネジャー、リーダーを生かす」。

出典：今村奈良臣・黒澤賢治・髙橋勉著『JAの組織、機能、人材育成とその配置、そして必勝体制はいかにあるべきか』JA人づくり研究会（事務局：JA全中・日本農業新聞）、2013年９月20日、pp.99-100。

（注15）今村の定義は、販売促進ではなく、助長・助成・増進・振興・奨励の意。

（注16）今村の定義は、作り出すこと・生産すること。Productは製品・製造物。

（注17）「３：３：３：１の原則」、今村奈良臣氏が、「仲野隆三氏と黒澤賢治氏から教わったことを私なりに整理、総括して得た」と言う販売戦略の基本原則。今村氏は次のように記している。（仲野隆三氏と黒澤賢治氏から教わったことを）私なりに整理して、定式化したのが『３：３：３：１の原則』である。これは「リスク最小、生産者手取り最大の原則」と言い換え、表現してもよい。

３割は直売、直販、その次の３割は契約販売、加工販売、契約生産などであり、さらに次の３割は『バクチ』つまり市場出荷、最後の１割は新作目の試作販売である。

この中で、バクチというのは、農協共販の名の下で中央卸売市場へ出荷していることである。もうかるかどうかわからないところへ単に出荷（販売ではない）しているだけで、これを私はバクチと呼んだのである。バクチを打つならもうかるように打たなければならない、ということを強調したかったのである。また、最後の１割の意味は、常に消費者、実需者の求める新作目の試作、販売をしていかないと産地としては衰退していくということを強調したかったからである。

この『３：３：３：１の原則』によれば、組合員、生産者の手取りが最大の道になる。そしてそれがJAへの組合員の求心力を高めることになるという視点を判りやすく表現したのが、この『３：３：３：１の原則』である。

もちろん『３：３：３：１』という割合は原則という意味であって、２：５：２：１でも４：４：１：１でもかまわない。実情に即し、新戦略への飛躍を見通して応用して頂ければそれでよい。

出典：今村奈良臣・黒澤賢治・髙橋勉著『JAの組織、機能、人材育成とその配置、そして必勝体制はいかにあるべきか』JA人づくり研究会（事務局：JA全中・日本農業新聞）、2013年９月20日、p.100。

（注18）入山章栄『世界の経営学者はいま何を考えているのか　知られざるビジネスの知のフロンティア』英治出版、2012年11月25日、pp.226-230。

「さて、世界の（とくにアメリカの）経営戦略論の研究者はおおまかに二種類に分けることができます。それはコンテンツ派とプランニング派です。

コンテンツ派は戦略そのもの、すなわち「企業はどのような戦略をとるべきか」を考えます。低価格戦略をとるべきか、どの市場に参入すべきか、ライバル企業を買収すべきか、といった戦略の中身そのものを研究します。

他方で、プランニング派の研究者たちは「どういうやり方で（……）戦略や事業計画を立てるべきか」を考えます。中身ではなく、計画の立て方に注目するのです」（p.226）

「その一つは、事業計画は事前にできるだけ精緻に立てるべきである、という考え方です。経営戦略の父とも呼ばれるイゴール・アンゾフなどが提唱したこの考えを、本章では「計画主義」と呼ぶことにしましょう」（p.227）

「しかし現代は不確実性の時代です。競争の激化、市場の不透明感、速い技術進歩などにより、事業環境はめまぐるしく変わります。

そして不確実性が高いときには、綿密な計画を事前に立てるのは至難の業です。計画をするには市場の動向、顧客の嗜好、他社の動向などの将来見通しを立てる必要があるわけですが、それらが不確実なのであれば、そもそも計画そのものが立てられず、事業も始められません。

不確実性の時代に計画主義は通用しないと唱えるのが「学習主義」を支持する学者たちです。その代表格といえるのが、ダートマス大学のジェームス・クインや、高名な現マギル大学のヘンリー・ミンツバーグなのです。

一九八七年に『Mintzberg, Henry. 1987," Crafting Strategy" Harvard Business Review 64（4）: 66-75.』に発表した「戦略を練り上げる（Crafting Strategy）」と題する有名な論文で、ミンツバーグは「不確実性の高い時代には、事業の目的や計画は実際に事業を進めていくうちにおのずと形成されてくる」と主張しました。」

（注19）ヘンリー・ミンツバーグ、ジョセフ・ランペル、ブルース・アルストランド著、斎藤嘉則・奥沢朋美・木村充・山口あけも翻訳『戦略サファリ　戦略マネジメント・ガイドブック』東洋経済新報社、1999年10月。

（注20）　経営戦略論のアプローチを、ヘンリー・ミンツバークなどの「プロセス型戦略論」とマイケル・ポーターの「分析型経営戦略論」の２つに大別することもある。

# 第5章 新たな農業協同組合像の確立に向けて

吉田 成雄・小川 理恵・柳 京熙

## 1．総括

### 1）思考の前提

これまで見てきたように、農業協同組合における営農経済事業に焦点を当て、「組合員とJA営農経済事業」によるマーケティング活動を「マーケティング・マネジメント」のコンセプトで整理しなおし、販売事業の新しい発展方向としての「農産物マーケティング」の提示を試みた（注1）。

本書の執筆に当たり著者が細心の注意を払ったことは、結論ありきの論理展開をできる限り避けることであった。しかしながら、こうした前提を置くとなると、農協の存在の是非に関わる非常に複雑な議論を行わなければならなくなってしまう。そこで、本書においては農業協同組合の存在の是非の議論はともかく、“現実に存在する農業協同組合”そのものを前提におくこととした。そして「どうすれば“現に存在している農協”が農業生産者からの信頼を得るとともに、農業生産と地域を維持していくための“地域の基盤”になれるか」を思考の前提において論述した。

つまり「農業協同組合不要論」といった結論ありきの昨今の乱暴な論調がマスコミや言論界にしばしば現れる状況に対し、一つの対峙としての農業協同組合論を展開しようとしていることを強調したい。

さて、本書の執筆動機は、柳・吉田（ほか）編著『新自由化主義経済下の韓国農協「地域総合センター」としての発展方向』（筑波書房、2011年10

月）および吉田・柳『日中韓農協の脱グローバリゼーション戦略――地域農業再生と新しい貿易ルールづくりへの展望』（農文協、2013年３月）で課題を指摘するに止まった「残された課題」をそのままにしてはおけないと感じたこと、それ以上にわが国のJAと農業・農村へ迫り来る危機を見て、何らかの答えを出す必要に迫られたからである。

それでは「残された課題」とは何か。それは著者たちだけが特別に考えたものではなく、過去から幾度も論じられてきたことである。

著者たちは、例えば『日中韓農協の脱グローバリゼーション戦略』（pp.123-126）に次のように記している。

> 「（引用補足：20世紀後半の時代までは）個々の経済的行為が何らかのかたちで農協と直結していれば利益につながるという意識が農業者に強固に形成され、地域における農協への信頼も高まったといえる。しかしながら、昨今の経済環境下では、農協と直結してきた個々の経済行為が必ずしも経済的利益につながらないことになり、またその打開策として講じてきた大型合併や一層の事業化がその実態をさらに悪化させ、悪循環に陥っているように思われる。このことが、まさにポスト食管以降、米価下落などによって生産者の経済状況が一変し、過去のように農協の有効性が失われてしまった昨今、新たな農協の性格と役割を巡る議論を勃発させている所以ではなかろうか。農協がつくり上げてきた諸活動や生産者の努力すら否定されたり、農協自らが自分の性格と役割さえ忘れ去ったり、外部に自分の存立根拠を委ねたりする事態にまで至っている。しかし、タライの水とともに赤子まで流してはいけない。（略）
>
> 農協の諸活動が組合員の経済的地位の向上を妨げる存在として社会的に烙印を押され、社会的な正当性が失われようとしている昨今の現状をどのように打開できるだろうか。（略）
>
> いま、不可欠な議論は、それぞれの農協が地域農業の維持のために何を求め、またどこに向かって進んでいこうとしているかについて、自ら

将来ビジョンを打ち出すことだと考える。自らの目標が設定できないままでは、限られた地域の資源を有効に使うことができない。いま、農業を巡る議論を見ると、これまで遅れていたことを取り戻すかのように、一層、経済利益追求型事業化論や陳腐な運動論の二項対立的な思考の枠を越えていない。(略)

その二項対立的な思考の下で、職能組合的な活動にもう一度戻るとか、開かれた組織になるべきだという二者択一的な論理こそが、われわれが避けるべき落とし穴である。単位農協の行方がこのような二者択一で決まるはずはないからである。

今日、われわれは１つ大事なことを忘れているように思われてならない。それは、『組合員の意を汲んだ農協の経済行為そのものが、本来、生命共同体を支え育むべきものであるはずだ』ということである。このことをしっかり認識し、また農協の原点である『農業生産』についてもう一度見つめ直す必要があるのではなかろうか。

『農』の維持と発展という強固な原則が守られる限り、様々な議論に惑わされることもないだろうと思う。また組合員の質の変化に伴い対応が叫ばれるなか、その対応の仕方がそれぞれの条件が違う生産者の意見に対応するのではなく、それぞれの地域に暮らす人びととの『関係性』『循環性』、さらにそこでそれぞれの個性がいきいきとして暮らせるような『持続的農業』の維持が前提になれば、案外簡単に対応ができるような気がする。

今日の日本の農協ひいては農業問題は、帰るべき原点の喪失と、物事の前提のなさによって混乱を増幅させているように見受けられる。」

では、こうした課題に対してわれわれはどう戦略的に立ち向かうべきなのだろうか。なおこのことは、わが国の総合JA組織の特質に由来するものでもある。

さて、総合JAが抱える組織や事業を巡る問題が生じてくる原因は、まさに総合的問題を「事業別（事業部門収支別）に分けて」考えてしまうことに起因するのではなかろうか。このため、それによって摘出された複雑な問題の解決を図るべく、より複雑な取り組みが用意されるといったこと自体が解決の意欲や実行力を減退させる一番の理由であろう。

とくに「農業協同組合不要論」が批判の根拠とする個別・具体的事項に対し「正当論」を主張する際に自己矛盾が生じてしまい、いつまでも不毛な「消耗論」の落とし穴にはまってしまうだけの現実を正す、ということも本書執筆の課題の一つでもあった。したがって本書では自己批判や反省を現実的に踏まえたうえでの論理展開を必要とした。

それでは、こうしたことを念頭に、前述のとおり「“現実に存在する農業協同組合”そのものを前提に置いて」論考を進めることとしたい。著者たちが「農産物マーケティング」という大げさな言葉を使わなくても、直面している問題の解決に向け、自ら取り組むべき課題を「農業生産」の支援と「生産者手取り最優先」の事業展開を図ることとして設定し、既に全力で走っているJAが存在していることに注目し、その中から２つのJAを事例として取り上げた。

結論から言えば、この２つのJAの事例から得た学びは非常に単純でなお明快なことである。それは、仮に「JAの営農経済事業は“赤字事業”だが、信用事業・共済事業の収益で補てんされることで事業継続ができる。それこそが総合JAのメリットである」といった、誤った「総合JA論的考え」を払拭する確信を得たのである。すなわち正しい思考の前提ができる契機となったと言えよう。それは間違った既存の思考の前提では、結局誤った「総合JA論的解決」という選択肢の中でしか解決策を探すことができなくなり、行き詰まってしまうことになる、という簡単なロジックを確認できたことである。

仮にそうした表面的で誤った「総合JA論的考え」を前提としなければならないのであれば「農業協同組合不要論」の論争とは別な意味での消耗論的矛盾に陥ってしまうのではないか。自己矛盾とはいわゆる間違った前提に立つときに生じるものであり、立派な論理の展開を図ってもその結論を生かすことができない。さらに深刻なことはこの自己矛盾の中では、現実を直視することさえできなくなってしまうのである。

本書が取り上げた２つのJAのケースは、既存の「総合JA論的考え」を自己否定できたことがその成果につながっている。単刀直入に言えば、２つのJAは販売に特化した「専門農業協同組合」的な機能が大きな強みとなっている。だが、この２つのJAこそが「総合JA」の利点を最も具現しているJAでもあることが非常に重要である。つまり信用事業を有することでインショップ向け取引などを行う大手量販店や、加工卸売など様々な業者との取引で円滑な決済が可能となり、組合員に大きなスケールメリットを実現している。また、「地域の仕事興しセンター」の役割を担い、地域のさまざまな人たちに仕事の機会を提供し、地域活性化に主体的に寄与し、地域にとって不可欠なJAになっている。そこには、真の意味での「総合JA」の実体が確認できる。

仮に「総合JA」という事業の方式がなかったとすれば、２つのJAの地域活性化への寄与は限定的なものに止まっていただろう。つまり「総合JA」という仕組みと機能が前提となってこそ成功を収めることができたのである。

営農経済事業に経営資源を集中し、あるいはJA甘楽富岡のように退路を断たれたからこそ、とりわけ専門農業協同組合に負けない専門性の高い販売事業を構築することは、逆説的ではあるが「真の意味での総合JA論」を体現しているのである。

つまり、本書でこの２つのJAを取り上げた大きな理由は、単純に優れた販売戦略や農産物マーケティングを構築しただけではなく、世の中に流布されているJAの実像が実は虚像であることを明らかにしたかったのである。

JAの虚像が固定概念や既成概念となってわれわれの考え方に真の実像との「断層」を生む。だが、その「断層」は新たなJA像を作り上げる力を生み出すきっかけになりうるか、またはそれが崩れ去る大きな岩場の亀裂になってしまうのかはこれからのわれわれの選択に委ねられている。

本書はこのような思考を前提に、また新しい展望を描きながら執筆した。

JA甘楽富岡とJA富里市という２つのJAについて記述した本書の第２章と第３章は、それぞれ直面した「問題」の解決に向けて的確な「課題設定」を行ったことだけでなく、実際に解決への一歩をいかにして踏み出したのかを記録したものである。そこには総合JAの組織および事業に関わる問題の本質が、いかに地域と真剣に向き合うか否か、というJAの姿勢そのものに関わっていることを浮かび上がらせており、制度設計の適否や巧拙という昨今の議論とは質を異にするという点で示唆に富む。

著者たちは、JAが苦労を重ねて蓄積してきた地域における個々の緻密な経験を、他に真似ができない「特殊」として埋もれさせてしまうのではなく、「農産物マーケティング」というフレームワークに還元させ、その「知恵」を他のJAにおいても活用できる「情報資源」（注２）として整理する必要を強く感じていた。あるいはその必要に迫られていたと言ってもよいかもしれない。なぜなら間違った前提を正すような気力や時間があまり残されていないからである。

そこで著者らは次のような疑問にまず答えることから始めることとした。それは、JAがJAを巡る複雑な「問題」の共有化に成功しているにもかかわらず、なぜその解決に向け組織的に歩み出していないのか、あるいは、そしてなぜ有効な成功事例が少ないのかという疑問である（注３）。

また、JAが問題の解決に向け、自ら課題の設定を行い、実際に取り組みの第一歩を踏み出す「決心」を促すためには、先例から学んだ具体的で実践的な“哲学”や、自らの経験の蓄積からもたらされる“マイ・セオリー”（自分独自の理論、身に付けたいわゆる「必勝の方程式」など）や“確信”が不可欠だと考える。そうした意味からも、本書は学術的性格を持つ本としてではなく、より実践的な本として読まれることを期待している。

ではもう一度、本書の内容を総括しながら、今後、農業協同組合にとって必要となっていくと思われる諸課題と関連させ、改めて整理し直しておくこととしよう。

### 2）要約と総括

戦後、農業政策の懸案事項に対して、農業協同組合はその意向に沿ってヒト・モノ・カネ・情報・共同体の知恵やルールなど様々な暮らしの延長線にあるすべての内部資源を動員し、またそこから得られた総体的利益をうまく地域に配分させ、農業・農村政策上の期待に応えてきたことは周知のとおりである[注４]。

しかし、とりわけ1990年代以降、懸案となってきた農産物の価格低下、大規模農家の出現、地域農業の組織化に対しては、JAが有効な手を打てていない状況が続いている。それは一層のグローバル化が進むとともに政策的コントロールが困難な投機的な「マネー経済化」が経済の変動を激化させていることにより、農業協同組合にとって内部資源の円滑な動員や調整が困難になりつつあることを意味する[注５]。

また、それは究極的には、地域と地域農業における農業協同組合の統制能力が弱体化しつつあることを意味する。著者らはその理由の１つとして、まさに、組合員階層（農民層）の分化だけに注目し、そもそも困難が多すぎてできない経済的利益配分に拘ったことが一番の問題であると認識している。すなわち、新自由主義経済の影響を経済的基盤が弱いJA組織が真っ先に受けていること、またその解決方法を新自由主義的経済対応（農業の規模拡大など資本集中による競争力向上への期待）に頼っていること、そうしたことから今日の諸問題が生じていると考える。こうした認識に基づき、本書は章ごとの有機的な関連性を高めるよう構成しているので、改めて全体を総括してみよう。

第１章では世界経済の変動に日本経済（とくに農業と消費構造）がどのような接点を持って結合しているかに焦点を合わせ考察した。また最終的にそれらの経済変動がJAにどのような影響を与えているかについても詳細に分析を行った。それを簡単にまとめてみると、まず急激なグローバリゼーション、情報革命の急速な進展が見られる一方、格差社会化や、非正規雇用者やいわゆる「ワーキングプア」を巡る貧困の問題に直面していることが分かった。さらに少子化と人口の減少により、超高齢社会が一層加速している。

また農村の人口はなお減少し続けコミュニティーの維持が困難になってきている。人口減少と超高齢社会の現実はもう目の前に迫っている。

グローバリゼーションの急激な波は、TPP（環太平洋パートナーシップ協定）による農産物等の関税撤廃交渉（米国アトランタで開催された参加12か国の閣僚会合で「大筋合意」に達したとする声明が2015年10月５日の12か国閣僚による共同記者会見で発表された。その後、2017年の米国のTPP離脱が日米FTAへと向かう懸念）をもたらす一方、米の生産調整の廃止などを含め農政改革の動きも急展開を見せた。

これまで産業競争力会議や規制改革会議などでも農業の競争力強化を巡って様々な議論や提案が行われてきたが、農業については、担い手への農地集積・集約や、企業参入の拡大、農商工連携等による６次産業化、輸出拡大といった大胆な構造改革に踏み込んでいく必要があるとされ、地域の新たな資源動員と配分体制を外部の力に委ねるとしている。しかし単身世帯など世帯サイズが縮小され、女性の社会進出が活発になっている現状を考えれば、このような施策が必ず成功するか否かは厳密に検証しないといけない。なぜなら急速な消費構造の変化への対応を企業に任せれば解決できるとするのは非常に甘い考えであるからだ。

仮に収益性をベースに経営の成果を考える企業によって効率的な農業生産が実現し、大幅なコストダウンと国際競争力を手に入れたとしても、これまでわが国の農業に携わり地域に暮らしてきた人々が、わが国の国土や環境の維持（例えばきれいな空気や水の供給）、あるいは多様性のある文化に貢献してきた公益的・共益的な機能と役割が崩壊しかねない。農業・農村は必ずしも効率的な経済利益のみをその基盤として成立していないのである。

著者は、こうした問題を解決するために、まず農業協同組合を中心とした地域の対応が重要であると考えている。なぜなら今の総合JAの前提となる経済的基盤こそ、新自由主義経済の深化によってもたされたからである。またその経済的利益を一部でありながら日本の農業協同組合または農村は享受してきていたからである。だからそのような前提が不透明になった場合に、総合JAが存立しうるかという問題に直面することになる(注６)。

そこで、「農産物マーケティング」の理論構築に向けた試みを通して、いかにして地域資源を守りながら、地域の新たな利益確保が可能であるかについて分析を行う必要があることから、第２章、第３章で２つのJAを取り上げ詳細な分析を行った。

第２章ではJA甘楽富岡を取り上げ、JAのみならず地域全体がいかにして結束し、市場対応を行ったかについて考察を行った。

これまでのわが国の農業協同組合の歴史を辿れば、戦後、農業近代化政策を進めるなか、政策代行機能を分担してきた。農業・農村・農業生産者との暗黙的な生産関係を形成し、ある種の運命共同体的事業体を結成してきた。米価が右肩上がりの時代にはその機能がうまく発揮できていたが、自由化時代に突入してからは政府の政策転換に従って内部の資源動員・配分体系を効率的に切り替えることが直ちには困難な状況に置かれている。むしろJA内部はこれまでの国の政策とは違う新たな政策転換に激しい動揺を経験している。つまりこれまでの国との一種の協調関係から打って変わって対立の構図にあるとさえ思われる変化を目の当たりにしたのである。

同時に、JAはこれら政策転換を余儀なくされた国際経済の変動と、それに直に連結した市場領域に参加する頻度が以前とは比較にならないくらい増している。JAが参加する市場領域は組合員の期待と一致することが望まれるが、参加形態によっては成果が大きく変わってくるために、なかなか難しいのが現実である。

組合員の経済的利益を志向する側面において、JAには組合員が個別的に対応しにくい市場領域に進出することが期待される。またはバリューチェーンにおいて組合員の所得を増大できるように他の競争相手とは違う付加価値をつけるような事業を開発することが期待される。

しかし、現実のJAはこうした規範論的に仮定される期待とは異なり、資産を結集させて交渉力を発揮することはなかなか困難である(注7)。

できることはせいぜい産地で集荷した農産物を大消費地の卸売市場や大型流通業者に納品することで、流通段階での売れ残り・価格低下を回避しようとすることである。

JAの「市場対応」とは、単に卸売市場の卸売業者（荷受）に対して販売力を結集することにすぎず、限定的な「市場交渉力」を発揮していることにすぎない(注8)。

仮にこうした「市場対応」に終始するだけならば、そのJAは組織全体の競争力を低下させることになり、組合員がJAから離脱する事態を招くことになる。

だからこそJAの新たな「市場対応」としての「農産物マーケティング戦略」における「市場」とは卸売市場だけではない。新たに開拓するマーケティングチャネル、つまり自らのマーケティング戦略の中で新たに設定した「標的市場」に向け、いかなる組織形態（例えば、品目別生産者部会や販路別出荷者組織など、あるいは今後は全国規模の品目別連合会または地域横断的連合会などを構想することもできるかもしれない。）をもって販売するのか、目標とする事業規模をどの程度に設定するのか、そのためにいかなる方法でJAと地域の資源を動員・運用し、価値を創出・分配するか、といったことを総合的に見ることが非常に重要である。そのためには、第４章で説明した「農産物マーケティング」のフレームワークや概念を使って自らのマーケティング戦略を検討してみることを是非お薦めしたい。

第２章と第３章で取り上げたJAは、時期は異なるものの、既存のJAの市場対応（販売体系）が崩壊する事態に直面し、またはそもそも成立していないという状況に陥っていて、つまりゼロから出発した経緯を持っている。

とりわけ第２章で取り上げたJA甘楽富岡は輸入自由化をきっかけに地域の基幹作目の産地崩壊によって地域基盤が一時まったく機能しなくなったという辛い経験をしている。

再構築へ向けて、1994年３月に当時の５つの総合JAと１つの専門農協が合併しJA甘楽富岡が誕生する。それは5億円余りの繰り越し欠損金を持っての厳しいスタートだった。しかし、金融自由化対応を動機とすることが多かった他のJA合併とは異なり、JA甘楽富岡のケースでは、農業の生産体系を再構築し、地域基盤（資源）をもう一度、復活させることを目指した。

関係行政機関とJAが「甘楽富岡農業振興協議会」および「営農連絡会」を設置したことを皮切りに、JAだけではなく地域がまとまって問題の解決に向けて動き出したのである。それは端的に、JAの支所を単位とした21ブロックでの「意向調査」と「事業別アンケート調査」を併せて実施したことに現れる。

まず目指すべき市場対応をどうするかではなく、自分たちの地域が抱える問題を直視し、そこから可能な市場を自ら設定した。それが、地域個別の「営農提案推進」のリストの作成である。

組合員をその営農レベルに応じて、アマチュア・セミプロ・プロ・スーパープロの4群区分したクラス別営農群を決め、それに合わせて柔軟に市場対応を行う画期的な営農方式（「4プラン・4クラス・5チャネルマーケティング」）を構築したのである。結果的に市場を多元チャネル化したことで、生産力を総合的に維持・確保できる仕組みを作ったことは一般のマーケティング理論ではなかなか駆使できない手法である。

また、一般企業と比べ組織のガバナンスのあり方の違いから生じるJAの弱点でもある主体性（統制権）の発揮（行使）の弱さについて、JAのみでその強化に走ることをせず、利害関係者すべてに「計画責任」「実践責任」「結果責任」を果たすことを求め、利害関係者自らが責任を持って実行する仕組み（統制権の分散）を構築したことは、非常にJAらしい組織づくりの一面を見せている。もちろんこのような組織づくりが可能だった理由は産地のあらゆる基礎的なデータの整備と、徹底的に行った情報集積・共有・還元があってこそのものである。

このように第2章では、非常に苦しい経済環境下に置かれたJAがいかにして、新たな挑戦を始めたのか。またそのきっかけをどのように掴み経済環境を好転させたのか。なぜ著者らはその挑戦を販売形態から見ようとしたかについて、ある程度答えを出している。これは第４章で詳しく分析したように「組合員の総体的利益の最大化」はまさに販売事業が軌道に乗ってから認知される性質を持つからである。いくら理想論を叫んだとしても実行する能力が乏しければその理想あるいはその理論は廃棄すべきである。演繹的であろうと、帰納的であろうと、JAの販売部門がいかに大事であるか、また組合員の「経済的利益」の実現をJAがどのような視点で捉え販売事業を組み立てているかといったことを、第２章を通して考察した。

「経済的利益」は「総体的利益」の一部分にすぎないが、その一部分にすぎない「経済的利益」を実現することでのみ「総体的利益」の価値に辿り着けるのである。また現実の「経済的利益」を組合員が享受する時こそ、総合JAとしての使命が実現可能となるのである。

そして第２章に引き続き第３章では、JAの新たな市場対応について考察を行った。

第３章で取り上げたJA富里市はJA甘楽富岡とは様々な面から相違している。まず農業協同組合組織の規模的に見て両JAの差は大きい。さらにJA富里市は販売事業・購買事業がJA事業利益の50％強を占めるほど経済事業に特化したJAであり、合併を経験していない小さなJAである。

このように一見、JA甘楽富岡と比べJA富里市では、市場対応が非常に容易であったかのような印象を受ける。

しかしJA甘楽富岡は、元々農業協同組合の取扱高が大きく、養蚕、コンニャク生産が、輸入自由化のなかで壊滅的な崩壊を見せはじめた1980年代前半までは順調に生産を伸ばしてきた産地であった。すなわち、地域経済と農業生産が限りなく一致する地域であり、組織基盤がしっかりしていたJAであった。それに対して、1969年当時、JA富里市（当時は富里村農業協同組合）の販売事業取扱高は管内農業粗生産額27億円のうちわずか５億5,000万円にすぎず、２割に満たない。それほど富里村農業協同組合の販売事業の取扱高は当時、低迷しており、隣接する専門農業協同組合（近隣６か市町村に組合員2,400人）と比較して販売事業取扱高で大きく溝をあけられていた。また管内農業粗生産額の２割に満たない販売事業の取扱高の多くはスイカに集中しており、当時の農業協同組合には自前の生産者組織は皆無の状態であった。結局、1970年前半まで農協の主な仕事は米麦や自主的な西瓜出荷組合や野菜出荷組合の精算事務を手伝うことでしかなかったのである。つまり「富里村農業協同組合」はJA甘楽富岡とは違い、組織や事業の基盤づくりにゼロから取り組まざるを得なかったのであった。地域農業がバラバラで、司令塔不在の状態から、直販取引や原料および加工契約取引、さらにJA出資による企業の農業参入など時代変化を捉えたマーケティング戦略を構築するまでには並々ならぬ努力があったと容易に推測できる。

その礎にはJA甘楽富岡と同じく、組合員意識や地域農業の実態にあわせた取り組みをしてきたことが挙げられる。しかしながら今現在においても社会経済情勢や組合員、農業の変化に対応してJA事業の改革や新たな取り組みへの挑戦を続けていることはたいへん興味深い。

JA富里市が与える示唆のうち一番大切なことは、JAの市場対応の中核に営農指導を置いていることである。先にも指摘したように、地域農業の基盤であったスイカ生産が1965年に緑斑モザイクウイルス（CGMMV）に冒され、畑の中で次々に泡を吹き腐り、卸売市場に出荷したものが場内で「破裂」し大騒ぎとなるなか、農協はその解決に乗り出す。ついにこの病気の終息宣言を出すことができた一番の要因は、農業協同組合事業で最も重要な事業としての営農指導と組合員とが一緒に困難を乗り越えたことである。従って一般的に論じられてきたようなJAの営農指導とは違い、JA富里市では農業協同組合業務のなかで営農指導員の位置づけが確固たる存在として設定されていることに組織的な特徴が指摘できる。JA富里市における営農指導が、もし一般的なJAと同様の範疇に位置づけられていたのだとしたら、おそらく組合長が交代する都度、その時々の組合長の考え方により左右され、一貫性を欠いたものになっていたと考えられる。

JA富里市で営農指導員の位置づけがJA業務のなかで確固たる存在であっ

たことが、「供給が需要を規定していく」という持続的農業生産の基本を堅持する原動力であったと考える。だからこそ、JA富里市において「再生産価格の設定」から読み解ける「地域に合わせた市場対応」が可能であったといえよう。例えば、取引相手に関わらず、取引の不安定要素を明示化し、JAリスクまたは生産者のリスクを減らしていくプロセスを構築していることに注目する必要がある。いくら生産者の手取り価格の上昇（経済的利益を最大化）を目指したとしても、決して生産者にリスクを負わせるのでなく、読めない需要変化に柔軟に対応する生産方式を構築したことが、JA富里市の大きな特徴である。

以下は、第３章で見た「取引の不安定要素」を再掲したものである。JA富里市のマーケティングにはさまざまなリスクが存在し、JAはそれらを的確にマネジメントしているのである。

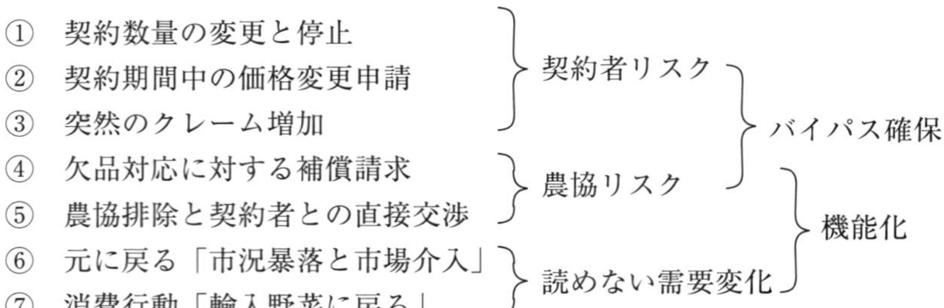


このことこそがJA富里市が、重層的に捉えた市場に対し、重層的に産地を再編成できた理由である。それはいかに産地（生産者）に負荷を与えずに、複雑な市場に対し、対応できるかについて大きな示唆を与える一方、資本力が大きい企業相手にうまく取引できる高い交渉力の源でもある。それはすべての取引を、現状（または調整できる最小限の範囲）を元に構築しているために、無理な取引を行わず、経済的利益が地域に還元できる仕組みを持っているからこそ可能となることである。

さらに企業との長期的な取引を行うことで、農業生産物の供給以上の地域価値を生み出し、結果的に地域主導の契約が維持できる仕組みを作りあげた。

これは一般的な農業生産物のブランド化といった画一的な生産方式より「農産物マーケティング」の総合的ブランド価値の実現という側面から大いに評価できよう。それはJA富里市が全国的に有名なブランドが存在しなくても農業生産を続けられる所以でもある。

### 3）２つのJAの共通点

第２章と第３章で取り上げた２つのJAは様々な面において相違しているJAであるが、１つの共通点を挙げるならば、JAがいかなる組織の理念やその使命を持っているかによって、組織運営や経営意思決定といったガバナンスがどう変わっていくかについて大きな示唆を与えていることである。

これまでのJAをめぐる議論は一般企業とは異なる様々な制約条件から脱皮し、一般企業並みのガバナンス体制をどう構築していくかということに焦点を合わせていたと思う。だが今JAに必要なことは、一般の企業との競合のなかでも、農業協同組合が持つ使命に対し、もう一度、自ら再確認を行い、生産から生活を幅広くカバーする販売・購買・信用・共済などの事業を兼営する総合JA組織として農業と地域を支える社会的基盤であることを認識すべきだ、ということであろう（注９）。

それがいわゆる「真の意味での総合JA論」が持つべき事業（思考）のあり方であろう。また総合JAだからこそ、バランスが取れた事業展開を行うことができたわけである。

２つのJAの共通点はまさに、総合JAだからこそ多様な販売事業ができたということに尽きる。

このような思考（事業）の前提（あるいは事業のドメイン）が明確であったことが、短期的な利益に走らず、長期的に産地に有利な取引ができた理由でもある。またJAに課された農業協同組合に固有の様々な制約条件を排除するのではなく、肯定し受け入れたからこそ、地域資源を元に、JAが実施する事業・活動の範囲とその内容を決めていくことが可能となったことは非常に重要である。そうでないとすれば、JAが「非営利組織」ではなく、「営利組織」に変質してしまう。

昨今の「JA不要論」で見られる思考はほとんどの場合、自由（排除）の論理である。だがその論理の下で変質したJAは、出資配当を事業目的とするという意味の「営利」の追求ができなければ、不必要な存在になってしまうのである。さらにそのような「営利」目的の事業は非常に短期的な時間軸の中で展開をせざるを得ない。仮にJAがそうなったとしたら、果たして、地域は生き残っていけるのだろうか。地域の中で成功する企業や事業体が一部存立するかもしれないが、人・地域が残れるという確証はない。仮にJAがそれを良しとするのであれば、新自由主義経済の論理と土俵で生き残るために、JA自らが巨大な資本になるしかない。またその結果、必要とされなくなった人・地域は消えることになっても仕方がない、という考えにつながる。

第４章では、第２章と第３章から導き出された様々な示唆を基に、マーケティング理論の構築を試みた。著者は「農産物マーケティング」という表現を使っているが、その理由は第４章などで詳しく考察しているので省略する。ただ簡単に整理すると、一般のマーケティング理論の援用だけではJAによる農産物マーケティングを構築するには様々な困難が潜んでいるからである。なぜならこれまでの「農業協同組合」が行ってきた卸売市場対応は、ある程度は「社会的共通資本」によって形作られてきた経緯がある。「共販体制」の構築がそうである。

市場差別化やブランドづくりについても、当初は1970年代の輸入自由化と相まって生じた国内農産物の生産過剰に対する緊急的な対策にすぎなかった。そもそも農産物が持つ商品的価値を考えれば、市場差別化によるブランド化は限界があるだろう。

しかし、昨今の新自由主義経済の拡大に伴う農政転換と「農協改革」の様相を見ると、それ以前の経済環境そのものが質的な変化をしていることに注意を払う必要がある。いずれにせよ、JAが経済主体としてその力量を発揮するためには、熟慮と周到な準備と経験値を蓄積し続ける忍耐と努力がなければ、困難であると考える。なぜならJAが参加する市場領域が世界的な市場に拡散していく中、組合員の期待である「総体的利益の最大化」と「経済的利益の最大化」の両方が一致することがあまり望めなくなりつつあるからである。なぜなら新自由主義経済体制下、経済的利益の最大化の可能性が残されているのは「市場の失敗」領域、すなわち独占資本の横暴が発生する独占市場領域に進出することでしか期待できないからである（注10）。

またはバリューチェーンにおいて組合員の所得を増大できるように他の競争相手とは違う付加価値をつけるような事業を開発することが期待される。しかし、現実のJAはこうした規範論的に仮定される期待とは異なり、独占資本の横暴が発生する独占市場領域に進出して、資産を結集させて交渉力を発揮することはなかなか困難である。

むしろ産地で集荷・収集した農産物を大資本（独占資本）が経営する大型流通業者に納品することで、流通段階での「市場の失敗」を強める可能性もある。限定的に市場交渉力を発揮していたとしても農業生産が持つ性質から、持続的に利益が確保できるかは疑問である。仮に限定的に利益を確保できたとしても独占的市場領域そのものが投機的市場との関連性を強めるために、予期せぬ激しい価格変動によって常に影響を受けることとなる。さらにJA組織は経済的利益の不安定性を回避するためにはさらなる市場志向的な組織にならざるを得ない。将来的な展望としては良いかもしれないが、これまでのような総合農協としての生き残りは極めて困難になると考える。

現代社会において、農業生産を含め地域経済の疲弊化が深刻になる背景には、すでに、新自由主義経済体制が世界的規模で拡散していることの影響を指摘することができる。従って今後、組合員の経済的利益を志向する側面において、組合員が個別的に対応するとしたならばさらに困難を来すであろう（注11）。

すなわち昨今の経済環境の中で、組合員の「経済的利益の最大化」には、博打に相当するリスクが常に横たわっている。そのような中でも、仮に農業協同組合が瞬時に経営判断を下すことができ、また極めて短期間に競合に対抗するために十分な事業資金を集める余力があるとすれば別であるが、現実的にはそれは無理であろう。従って、結果的に農業協同組合は、組織全体の競争力を低下させることになり、組合員が協同組合から離脱する事態を招くことになる。しかしながらそのような現実の姿を結果ではなく原因として捉え、農業協同組合に対し一層の改革を求める意図的な政治的・経済的圧力が存在することは第１章で指摘したとおりである。

第４章ではこのように、リスクを背負ってマーケティング戦略を策定することよりも、いかにして地域資源を有効に活用できるかに焦点を合わせた上で、２つのJAの事例から導き出された多くの示唆を通して、「農産物マーケティング」のフレームワークを提供した。

「農産物マーケティング」とは、「標的市場」に向けて、JA組織がいかなる形態をもって参加し、いかなる事業規模とするかを定め、いかなる方法で資源を動員・運用し、価値を創出・分配するかを計画し実行することにおいては一般のマーケティングと何ら変わりはない。しかし限りなく小さな差（ずれ）に注目しながら農業生産・販売に関する「農産物マーケティング」を丁寧に考察しておくことが必要だと考える。なぜなら一般のマーケティングで拾えない無数の可能性（差〔ずれ〕）を地域の視点から丁寧に拾えることこそ、農業生産とその基盤である地域を維持する要因でもあり、また農業協同組合が存続する要因でもあるからである。

## ２．長期的戦略こそ“戦略的な”戦略

### 1）必要な人づくり

これまでのJAには、いわばトップダウン的発想が色濃い組織風土があったのではないだろうか。だが、「農産物マーケティング」を構築するためには、JAには地域を基盤においたボトムアップ的な発想が必要になる。

そして、それには次の２つの軸を持つことが必要となる。

１つ目の軸は、農業協同組合は組合員の協同活動の源泉である営農経済事業を積極的に活性化することである。また、２つ目の軸は、「農業協同組合と組合員」との十分なコミュニケーション（「暮らし」の全体ニーズへの対応）を図ることである。

営農経済事業におけるマーケティング活動とは、この２つの軸を如何に結びつけるかを発想することのなかで達成される。営農経済事業の再構築には、地域で暮らす人々の生活の基盤を軸に、生産者・消費者・実需者をつなげていくプロセスが重要であり、その連携を如何に実現させるかということに向けた戦略策定と事業の組み立てこそが、今JAに必要であると考える。

それは１つには組合員の協同活動の場である農業協同組合自体を活性化する必要があるからである。また、２つには、「組合員とJA営農経済事業」によるマーケティング活動が、地域で暮らす人々や、消費者・実需者との十分なコミュニケーションを図ることで営農経済事業の再構築につなげていくためにも必要だからである。

だがその実現には、「農産物マーケティング」を誰が担うのか、という最大の課題を避けては通れない。

「農産物マーケティング」の主体には、①JAの役員（主に営農経済事業担当）、②JAの営農経済事業を担当する職員、③生産部会など組合員組織、④農産物を生産する組合員／家族、⑤６次産業化などに取り組む組合員／家族、などが考えられる。

これを第４章で説明した「インターナル・マーケティング」の観点から見ると、①農産物マーケティングの担当職員と担当部署が、②JAの役員や他部署の職員、および③JAの生産部会や農家組合員（生産者組合員）に対してインターナル・マーケティングを行い、「組合員とJA営農経済事業」によるマーケティング活動である「農産物マーケティング」の主体＝「担う人」をつくっていく、というストーリーが生まれる。

そして、「人づくり」とは第３章で仲野隆三氏が「人材は仕事を通じて育つ」と語っているとおり、それをやってみることの中でしか育たない。

著者の吉田は、2015年8月8日、東京駅八重洲口発の高速バスで、当時はJA安房の理事であった仲野隆三氏の千葉県鴨川市にあるご自宅を訪問した。元々営農指導員であった仲野氏の自宅の周りにある畑では野菜や果物が栽培され、ブドウ、レモンやミカンなどの様々な品種が“試験栽培”されていた。

著者の営農指導員はどうすれば育つのだろうかという問いに、仲野氏は、「農家の中に入って行くことが大切だ。支所の中のさらに小さい集落レベルにまで降りて行って具体的に、地域全体の中での位置づけを考えながら個別の取り組みについて、何が必要なのかを考え、それもJAができることと、組合員ができることに分けて常に考え行動することだ」との答えが返ってきた。

また、農業者の人づくりや教育については、「農家のおやじさんたちに若者たちの気力を感じさせることが大切だ。そうすればおやじさんたちも何か新たな取り組みをしようという気持ちになっていく。若者たちに役割を与え、JAの営農指導は、彼らが持っていない技術や情報をいつも提供することで信頼されることが大切だ。それによってイノベーションを共有できる」という。その直後に頂いたメールには「営農経済事業は、人材育成と、根気強い組合員とのコミュニケーションと、地域コンセンサスづくりです。JAの理事や幹部が啓発的に足を使い、行動するのみです。」と書かれていた。

また、著者の吉田・小川・柳は2015年8月27日から28日にかけてJA甘楽富岡管内の調査にお伺いしてJA甘楽富岡の理事（総務・金融委員会委員長）の黒澤賢治氏（当時）から詳細な説明をいただきながら現地を案内していただいた。黒澤氏は営農経済事業の職員の人づくりに関して次のように話してくれた。

「営農経済事業には、専門性の高い職員が必要であり、3年の人事ローテーションでまったく異なる部署間を異動させてしまったら職員の専門性が育たない。JA甘楽富岡では、営農部の管理職ポストとして6課・5センターの11部署があり、部長・部長代理を入れて現在、管理職は13人いる。営農経済事業は営農部で一気通貫の部署管理体制となっており、役職ポストには以前は兼務等もあったが、今は13ポスト13管理職体制となっている。これが人材のストックヤードとなっている。

ちなみに６課・５センターとは、営農振興課、園芸販売課、特産販売課、畜産販売課、直販センター、営農購買課の６課と、富岡営農センター、富岡中央営農センター、妙義営農センター、下仁田営農センター、甘楽営農センターの５センターである。営農指導員のベテランが各地営農センター長に就任し専門営農指導員をフォローアップしている。

2015年３月末現在、営農部に職員が55人（うち新採用職員８人）いる。そのうち営農指導員・営農相談員が34人である。今年JAに入組した29人のうち８人が営農部に配属された。若いうちは営農部の中の11部署を異動させるので、営農経済事業部門の専門性は失われない。とくに経験と原体験が成長の起点となる営農スタッフについては部門内異動によるキャリアアップに重点を置きつつコンプライアンス重視の経営の要請と両立を図っている。

さらには営農部で管理職になれば他の部署のどこに出しても管理職が務まる職員に成長する。JA甘楽富岡には、富岡中央支所、富岡西支所、かぶら支所、富岡南支所、妙義支所、下仁田支所、なんもく支所、甘楽支所の８つの支所があるが、そのうち７支所長が営農経済事業の経験を生かし組合員対応を実践している。

いろいろなJAを見てきたが、『人づくり』についてあえて言うなら『良い組合員がいっぱいいるところは良い職員がいる』」

また、黒澤賢治氏は、2013年６月に開催された第17回JA人づくり研究会のレジュメに次のように記している。

> 「いずれのニーズに対しても最も必要な資源は『人材（財）』であることは言うまでもない。
>
> 経営トップから現地現場をオペレーションする組合員・職員までが共有する価値体系と役割分担を一気通貫で結びつけない限り、『地域最適の仕組み』は創出されてこないことに、長い営農経済事業の現場の中で

気付いた。人材は座った座布団とその立場の役割を認識することと、本人の『感性・気づき』で磨かれるものだと確信している。加えるならばJA組織以外のパートナー先や消費者の皆様からの触発にどうJAの『総合力』を駆使して応えていくかで、JAの新たな歴史と職場風土が生まれ、積み重ねられ『ノウハウ』が地域の習慣となった時、地域のオリジナリティーある仕組みが連動する『地域システム』が稼働できるのだと思っている。

仕事が人材を創ることは、『総合事業』を限られたエリアの中で組合員という主人公の個別経営体最適・JA事業最適・地域最適をボトムアップで創り上げることこそが、有能な人材養成の最短の路だと確信する。」（今村奈良臣・黒澤賢治・髙橋勉著『JAの組織、機能、人材育成とその配置、そして必勝体制はいかにあるべきか』JA人づくり研究会（事務局：JA全中・日本農業新聞）、2013年９月20日、p.108）

ところで経営戦略とは「正しいこと」を選択することである（奥村昭博1989年）。農業協同組合としての経営理念・ミッション・ビジョンに従い、倫理的にも経済的にも正しい「経営戦略」において「正しいこと」（“What to do”）を選択し、その「正しいこと」を「正しく実行する」（“How to do”）ことが大切なのである（奥村昭博『経営学入門シリーズ　経営戦略』日経文庫、日本経済新聞出版社、1989年２月20日、p.53）。

だがそれはとても難しいことである。

同様に「農産物マーケティング戦略」においても「正しいこと」を選択し、それを「正しく実行する」ことが重要である。そのために不可欠な人材を確保することがJAの「人材戦略」の基本に置かれなければならない。

これまで述べてきたように「農産物マーケティング」とは、単に営農経済事業だけが担当するものではなく、JA全体として地域と組合員そして協同組合事業をどのように展開していくか、という組織の存在の目的に直接関係することだからである。

### 2）長期的戦略の樹立に向けての展望

これまで２つのJAのマーケティング戦略とその実践について述べてきたが、一番複雑でなお一層難しいことは、２つのJAが成果を挙げるまでに十分な時間を要しているということである。それは別な言い方をすれば、総合JAという事業の方式の下であったからこそ成し遂げられた側面を有する。短期的な利益追求ではなく、長期的な成果の追求という経営姿勢があって始めて成し遂げられるものである。その背景に様々なことを見る必要がある。それは生産された農産物だけを見るのではなく、それを生産している生産者を見て欲しい。生産者は単純に労働力を提供しているだけではなく、その地域に住む地域住民であり、さらに消費者でもあるという非常に複雑な側面を有しているからである。

自由意志を持つ個別・分散的な生産者を、ある意味１つに束ねることは非常に難しい。戦後、大量生産・大量消費の時代には、そうした社会的要請に合わせて産地形成を行い、またそのための集出荷施設など物的基盤を提供したのがJAであった。その時にはそれなりの大きな成果をあげてきたことは紛れもない歴史的事実である。それは非常に単純な市場対応であったが、それが成功した所以であり、その根底には生産者が利益を享受できた、というシンプルな事実があった。

ところが今になって、その経済的利益が享受できないからJAは要らないという主張が主流になりつつある。いやむしろ享受できる経済的利益の可能性をJAが生産者から奪っているとの主張が力をつけている。それはある意味で正しいかもしれないが、やはり大きな間違いである。それは本書を読む読者が判断するべき事柄であるので、ここではこれ以上言及しない。

しかしながら、JAの存在価値を維持・発揮することの意義はJAの組織のみの問題ではない。そこに住んでいる人・地域の問題でもあることを付言しておきたい。

最後になるが、将来展望を兼ねたまとめを記し、本書を閉じたい。

近年、われわれは複雑になりつつある資本主義の行方に惑わされ、物事をさらに複雑化してしまう傾向があるのではないだろうか。その一方で、複雑化させた問題を割と簡単に割り切って、乱暴とも思える飛躍した論理展開を行うことさえしばしばある。

JAさえ無くなれば日本の農業・農村が抱える問題や取り組むべき課題は全て上手く解決するのだろうか。逆に、JAを営利法人化させようとするのかと錯覚させる議論すらあるが、JAを販売に特化した協同組合にすれば問題は解決するのだろうか。

本書の農産物マーケティング論はその思考（前提）を正すことに主眼を置いて論じてきた。それは「農協」不要論への反撃であり、旧態依然とした総合JAに拘る現体制への批判をも兼ねている。だからと言って、「総合JA不要論」の立場では決してない。われわれに必要なことは、まさに峻別力である。

事例として取り上げた２つのJAはまさにこの峻別力を備えているJAであると考える。だから複雑に見える重層的市場対応（マーケティングチャネル・ミックスのマネジメント）への取り組みは、非常にシンプルである。峻別して、対応した経験の集合体である。それは時間軸から見ると、長い時間を要する。

効率化という既成の物差しでは決して現れない峻別力を兼ね備えたJAは、日本の農村地域から自生的に現存している。

本書ではマーケティング論について論じてきたが、実をいうと、「“思考”するためには“前提”が必要である」ということと、「現実の諸問題を解決するためには、“峻別力”が必要である」というこの２つの言葉を発したにすぎない。

それは、本書が取り上げた２つのJAを、長らく運営してきた黒澤賢治氏と仲野隆三氏のお二人の生き方と、それぞれのJAの成長を照らし合わせる作業をしたからこそ見えてきたことであった。

これからJAグループの大きな目標にすべきことは、このお二人の経験を受け継ぐJAを如何に増やしていくかであろう。

その実践と経験によって形づくられてきた“歴史”とそれによって生まれてくるJAに大きな期待を寄せたい。

“前提”を無視し、短絡的な“思考”によって、JAを破壊させてはならない。

**注**

（注１）マーケティング・マネジメントのコンセプトの基本には次の考え方が据えられている。本書ではこの考え方の農業協同組合への適用を試みた。「マーケティングはもはや限られた業務を担った企業の一部門のことではなく、全社をあげた事業活動である。マーケティングが企業のミッション、ビジョン、戦略策定を主導する。」「企業の全部門が目標達成のために協力して初めてマーケティングは成功する。技術部門が適切な製品を設計し、財務部門が必要な資金を提供し、購買部門が質の高い資材を仕入れ、生産部門が高品質の製品を期日通りに製造し、経営部門が顧客別、製品別、地域別の収益性を測定してはじめて、マーケティングは成功するのである。」フィリップ・コトラー著、ケビン・レーン・ケラー著、恩蔵直人監修、月谷真紀訳『コトラー＆ケラーのマーケティング・マネジメント（第12版）』ピアソン桐原、2008年４月、序文p.v。

（注２）ナレッジマネジメント〔knowledge management〕における概念。

（注３）優秀な事例こそ、昨今の間違った総合JA論の前提となっている思考を正面から批判し、実践しているはずである。

（注４）農業協同組合の総体的利益を地域に配分するとは、必ずしも経済的利益の配分ではなく、生活改善運動・健康管理活動・高齢者福祉活動、女性部活動の支援といった暮らしや地域全体の利益となる配分をいう。

（注５）「地域農業の組織化」ということに限ってみれば、農協が主体的に地域の資源動員と配分体系の組み立て・調整を行った好例であると言える。もちろんそれが農協系統組織全体にどのような影響を与えているのかについては今後注目する必要がある。

（注６）例えば農林中央金庫においても、これまで農村地域の経済に寄与する投融資や資金還流に主眼を置いた取り組みの経験は十分ではない。と言って、そうしたことから離れて新自由主義経済体制下でさらなる経済利益を上げていくという未来を想定することは難しいだろう。

（注７）例えば農業協同組合は、株式会社の大規模公開会社などのように資本市場から大規模な資金調達を行って、いわば瞬時に資金や資源の集中と配分を行うことはできない。

（注８）過去の共販体制を否定するのではなく、昨今の新自由主義経済体制下でのこれまでの農協の販売方式はもう限界に達していることを指す。

（注９）これはこのような使命を感じながら実行していなかった昨今のJA体制の反省を踏まえて考えている。

（注10）柳京熙・李仁雨・黄永模・吉田成雄編著『新自由化主義経済下の韓国農協「地域総合センター」としての発展方向』筑波書房、pp.55-56。

（注11）JAの対抗組織として農業法人〔会社組織や集落営農法人などを含む〕を想定する向きが強くなっているが、このような現状で農業法人が生き残る可能性はJAより低いと思われる。だからこそ早急に、JAと農業法人の経済的な連携を図る必要がある。

# おわりに

著者の吉田と柳は、共編著『日中韓農協の脱グローバリゼーション戦略』（農山漁村文化協会、2013年３月、pp.23-24）に次のように記した。

「農協が協同組合として、変えてはいけない価値や理念を守りつつ、変えなくてはいけないものを変える勇気を持つことが必要なのではないだろうか。」

この思いは、本書の全体を貫くコンセプトである。

さて、歴史を眺めて見たときに、自らの強い意志で組織を変え、新たな繁栄へ向かうための改革をやり遂げた事例は果たしてどれだけあっただろうか。

「改革」とは、本質的に遅れを取り戻すためのものにすぎない。改革を叫ぶ時点で組織はすでに時代の変化に後れを取っており、危機が起こってしまっていることが多い。したがって急速な「事後改革」は、真の改革でなく遅れを取り戻そうとするだけにとどまり、むしろその改革の結果は時代の流れに乗ることさえ困難なものになりかねない。それは急変する現状に組織そのものを合わせることを優先するから起きることであり、ほとんどの場合、組織の原点である使命を自ら否定することから始まるという特徴を持っている。

変化が早く、先を見通せない緊迫した時代であるからこそ、先を見越した「事前改革」とでも呼ぶような大胆な行動が必要かもしれない。だがその時には、まず原点に戻ってもう一度組織の使命について考えなければならない。

JAをめぐる一連の改革を見ると、そのような歴史的教訓から何も学んでいないような気がする。

本書はマーケティングに重点を置いて書いているが、実はその背後に存在すべき農業協同組合という組織の使命について書いている。

組織の使命を忘れてはいけない。農業生産はどんな時代でも続けられる。JAの使命が安定的な農業生産と、農業生産者の経済的地位（生存権）の向上にある限りにおいて、当然JAという組織とその果たすべき使命は続くのである。だからこそ本書は、農業生産者が必要とし、自らが参画し、「自分たちのJA」であると思えるJAとは何かという原点を追求し、読者に問う内容となっている。

本書の著者は三人である。三人は（社）JA総合研究所（現（一社）JC総研）の設立間もない時から、農業協同組合の社会的意義についてずっと考え続けてきた仲間である。

このうち吉田を除く二人は、農業協同組合について全く素人であり、農業協同組合の研究歴は浅い。しかし、誰よりも農業協同組合については愛情を持ち、農協についても考え抜いてきたという自負がある。

現在は小川を除いて、柳は北海道の酪農学園大学に、吉田はJA全中にと、研究所を離れ違った組織に属し、それぞれの仕事に打ち込んでいる。しかしJA総合研究所の設立当時からご指導をいただいてきた元JA総合研究所研究所長の今村奈良臣先生（東京大学名誉教授）の励ましと強い意志によって、三人が研究所に在籍していた時に構想されその後中断していた調査研究の取りまとめ作業を再開し、もう一度、本書を執筆することを決意した。

それは、時代の要請であり、また農業協同組合研究に携わっている研究者としての当然の義務だと思っていたからである。付け加えるならば、吉田は、元農林水産省経済局農業協同組合課経営係長として農協行政を経験した後、転職して全国農業協同組合中央会に移りJAグループの立場から仕事をしてきた。そしてJA総合研究所の設立を担当し、出向して農協の調査研究に携わった。こうした３つの異なる立場から農業協同組合に関わる経歴を持つ者として、現在、農業協同組合が困難な課題に直面していることに対し、自らは責任を問われない傍観者で居続けることは許されないことは明らかである。

本書で取り上げた２つの農業協同組合について、JA総合研究所（およびJC総研）に勤務していた当時から吉田が集積してきた様々な資料をもとに、まず吉田が基礎的データの整理と概要のまとめを行った。それをもとに柳が全体の構成と、理論的な枠組みについて吉田との協力の下で、作業を進めた。

この本で、柳と吉田による編著書は4冊目になるので、いつものようにメールでのやり取りを通して、実質10日間でほとんどの文章を完成させることができた。しかしながら、事例で取り上げたJAのデータが古くなり、昨今の激しい経済環境の中で、新たな変化について補足する必要から、（一社）JC総研の小川を戦力として迎え入れ、三人でJA甘楽富岡への補足調査を行った。

当初は補足調査にとどまる予定であったが、既存の文献で描かれた実態と現状のずれが大きく、改めて書き直す結果となった。その意味で、本書のいのちを蘇生させた本当の功労者は小川である。

本書の刊行に当たっては多くの人に大変お世話になった。

まず吉田は、今村奈良臣先生からの励ましをいつも頂いてきた。黒澤賢治氏、仲野隆三氏の両氏には、直接お会いしてお話を伺い、また講演や講義の資料を提供していただくなど様々なご支援を頂いた。また、国際的な人的ネットワークによって「富岡製糸場と絹産業遺産群」の世界遺産登録を成し遂げた立役者であり富岡市観光協会会長でもある超多忙な黒澤賢治氏には三人で調査に伺った際、JA甘楽富岡の管内を自家用車でご案内いただいた。また、仲野隆三氏には千葉県鴨川市のご自宅にまで吉田が押しかけお話しを伺った。さらに鮮魚店が経営する食堂・カネシチ水産で地魚三昧のランチをご馳走になった上、厚かましくも自宅のお庭で栽培している巨峰の大きな房をいくつも頂いた。本書はそもそも黒澤・仲野両氏が実際にJAで行ってきたことを整理したものにすぎない。今村先生が常々お語りになる「実事求是」（事実の実証に基づいて真実を追求する）に近づけたとすればすべて両氏のご協力があったからである。心から御礼を申し上げたい。私が存在しているという事実そのものが数え切れないほど多くの人たちによって支えられお世話になってきた結果である。その全ての方々への感謝をここに書き記すことができないが、ただ一人、私に学問に取り組む真摯な姿を自らが示し私に学びの基礎をくださった、宇都宮大学農学部農業経済学科の学生だったときの恩師、野村浩士先生のお名前のみを記すことをお許し願いたい。

最後に、ラインホールド・ニーバーの祈りとして知られる次の言葉を記しておきたい。「神よ、変えることのできるものについて、それを変えるだけの勇気をわれらに与えたまえ。変えることのできないものについては、それを受けいれるだけの冷静さを与えたまえ。そして、変えることのできるものと、変えることのできないものとを、識別する知恵を与えたまえ」（大木英夫による訳出、大木英夫『終末論的考察』中央公論社、1970年１月20日、p.23）

小川は、事務職から研究職へキャリアチェンジをしたという経歴を持つ。そのきっかけは、今村奈良臣先生がJA甘楽富岡へ調査に行く際に同行させていただいたことであった。早起きをして取材したインショップ出荷の様子は、初めて経験する「農」の現場であり、出荷者たちの清々しい笑顔から、農業のすばらしさを実感したことを覚えている。そのときの感動をレポートしたことから研究職への道が開かれた。この度、本書の執筆という大役をおおせつかり、再度JA甘楽富岡を訪れる機会をいただいた。数年前よりもさらに活気を増したJA甘楽富岡のパワーには圧倒されるものがあり、当時の感動がよみがえる思いであった。

柳・吉田という、研究のみならず人生そのものを尊敬してやまない二人に「仲間」として迎え入れていただいたこと、そのあたたかさと懐の深さにあらためて心から感謝したい。この幸せな経験が、私を次の新たな一歩へと導いてくれることを確信している。

柳は、今村奈良臣先生に大変お世話になった。大局を見る視点はおそらくJA総合研究所の５年間の在職中にご指導いただいた今村先生からの教えである。とくに先生からは北東アジア農業のあり方についての課題をいただき、これからも教えを乞うことになる。冗談混じりでの会話の中でではあるが、私は先生との師弟関係であることを認めていただいたので、これをこれからの研究の誇りとして持ち続けたい。また柳が北海道大学に留学に来た際、北海道大学を定年退職なさっていた臼井晋先生との出会いが本書の執筆の契機でもある。先生は私にいきなり、「柳君、農業生産は需要に規定されるのか、生産が需要を規定するのか、答えなさい！」と質問された。私は何も答えていなかったことだけを今も鮮明に覚えている。それから20年経って未だに答えは見つかっていないが、本書をもって、その時の質問に少しだけでも答えようとした。本書を借りて、一生の課題を与えていただいた臼井先生に感謝したい。

また大学院の時から、ずっと指導教官として研究指導をしていただいた飯澤理一郎先生（北海道大学名誉教授、現北海道地域農業研究所長）にはいくつかの出版の労をとっていただいた。この場を借りてお礼を申し上げたい。一人の研究者としてここまでやって来られたことは全て飯澤先生のお陰である。

本書は、一般社団法人北海道地域農業研究所の出版助成事業による助成を受け「北海道地域農業研究所学術叢書⑱」として出版されたことを記する。

2017年12月

吉田成雄・小川理恵・柳京熙

# 著者および執筆分担

**【著者】**

**吉田 成雄（よしだ　しげお）〈序章、第１章、第３章、第４章、第５章〉**

全国農業協同組合中央会　JA支援部教育企画課　主任専門職
1959年生まれ
1983年　　　宇都宮大学農学部農業経済学科卒業
1983年４月　農林水産省入省（食品流通局市場課）
1984年11月　経済企画庁国民生活局国民生活調査課へ出向
1987年４月　農林水産省大臣官房企画室
1989年２月　農林水産省経済局農業協同組合課
1991年４月　農林水産省を退職
1991年５月　全国農業協同組合中央会入会
2006年４月　2005年４月から社団法人JA総合研究所の設立を担当し、設立と同時に出向（企画総務部長）。
2011年１月　社団法人JC総研（旧・財団法人協同組合経営研究所を吸収合併し、名称変更）基礎研究部長・主席研究員
2012年４月　全国農業協同組合中央会（教育部教育企画課）に帰任
2012年４月16日～2013年９月30日一般社団法人JC総研・上席客員研究員
2017年３月27日付の機構改革により所属部名変更により現職
関心分野：農業協同組合、６次産業・JA営農経済事業（マーケティング論）、人材育成、経営戦略論など

代表的著作・論文：
『日中韓農協の脱グローバリゼーション戦略――地域農業再生と新しい貿易ルールづくりへの展望』（共編著）農山漁村文化協会、2013年３月。
『新自由主義経済下の韓国農協「地域総合センター」としての発展方向』（共編）筑波書房、2011年10月。
『韓国のFTA戦略と日本農業への示唆』（共編）筑波書房、2011年５月。
『新農業協同組合法（第１版）』（単著）全国農業協同組合中央会、2006年３月。
『お父さんの「幸せ度」チェック』（北本・加藤・吉田著）経済企画庁国民生活局国民生活調査課監修、日本経済新聞社、1987年７月。
「農業の６次産業化の先端から見えるもの――イノベーション、ネットワーク、コーディネーター」『JA総研レポート』vol.16［2010年・冬号］、社団法人JA総合研究所、2010年12月。
「現地レポート　農業の将来展望を切り開く農業経営者を求めて――長野県飯島町（株）田切農産　代表取締役　紫芝勉氏ヒアリング」『JA総研レポート』vol.11［2009年・秋号］、社団法人JA総合研究所、2009年９月。
「JAにおける環境経営への取り組みの必要性（特集　環境を重視した経営戦略とJA事業・経営の今後のあり方）」『月刊JA』49巻３号（通巻577）［2003年３月号］全国農業協同組合中央会、2003年３月。
「国民の福祉の水準を現す指標について」（共著）『ESP』No.158、社団法人経済企画協会、1985年６月。

**【著者】**

**小川 理恵（おがわ　りえ）〈第２章、第５章〉**

一般社団法人JC総研基礎研究部主席研究員・マネジャー
1966年生まれ
1989年３月　専修大学文学部国文学科卒業
1989年４月　児童書などを出版する鈴木出版株式会社入社
1997年10月　社団法人地域社会計画センター（現・一般社団法人JC総研）入所、総括部課長、企画総務部総務課長、基礎研究部企画調整室長を経て研究職に職種転換、基礎研究部主任研究員を経て現在に至る。JC総研の機関誌『JC総研レポート』編集総括。
関心分野：地域づくりと女性活動

代表的著作・論文：
『魅力ある地域を興す女性たち〈JA総研研究叢書10〉』（単著）農山漁村文化協会、2014年３月。
「JAの未来を支える女性たちの活躍―農業・JAと、消費者・地域をつなぐ―」『農業および園芸』第92巻・第11号、養賢堂、2017年11月。
「躍動するJA女性部が核となり地域活性化をプロデュース―JA静岡市女性部美和支部の取組み―」石田正昭・小林元編著『JA新流―先進JAの人づくり・組織づくり』全国共同出版、2016年９月。
「『モノ』と『ひと・心』をつなぐ―魅力ある地域を興す女性たち」『農業と経済』第81巻・第１号、昭和堂、2015年１月。
「住民とJAと行政が創る、安心して暮らせる地域社会―JA信州うえだ“住民参加型”福祉の取組み」『協同組合研究誌にじ（2015年夏号）』JC総研、2015年６月。
「酒米『山田錦』の米粉パンで究極の地産地消を―行政とJAの連携プレイでオンリーワン特産品の開発と普及―」『JA農業協同組合経営実務』2009年３月号、全国共同出版、2009年３月。

【著者】
**柳 京熙（ユウ　キョンヒ）〈序章、第１章、第３章、第４章、第５章〉**
博士（農学）
酪農学園大学　食と健康学類　流通学研究室　教授
1970年生まれ
1999年３月　北海道大学大学院農学研究科博士後期課程農業経済学専攻修了
1999年４月　北海道大学大学院農学部外国人研究員
2000年１月　北海道栗山町農政課嘱託研究員
2001年１月　科学技術振興事業財団特別研究員（農林水産省農業総合研究所勤務）
2004年10月　日本学術振興会外国人特別研究員（農林水産省農林水産政策研究所勤務）
2007年１月　社団法人JA総合研究所（現JC総研）主任研究員
2011年４月　酪農学園大学　准教授
2017年４月より現職

関心分野：国際経済（FTA、TPPなど）、農業政策、産地対応（農産物市場・流通）

代表的著作・論文：
『日中韓農協の脱グローバリゼーション戦略――地域農業再生と新しい貿易ルールづくりへの展望』（共編著）農山漁村文化協会、2013年３月。
『新自由主義経済下の韓国農協「地域総合センター」としての発展方向』（共編）筑波書房、2011年10月。
『韓国のFTA戦略と日本農業への示唆』（共編）筑波書房、2011年５月。
「米韓FTA交渉における韓国政府の農業の位置づけを検証する――日本が韓国の轍を踏まないために――」『TPP反対の大義』（農文協ブックレット）、農山漁村文化協会、2010年12月。
『韓国園芸産業の発展過程』（共著）筑波書房、2009年12月。
「第１章　食品循環資源の飼料化による経済的効果」『エコフィードの活用促進――食品循環資源飼料化のリサイクル・チャネル――〈JA総研研究叢書２〉』農山漁村文化協会、2010年３月。
『和牛子牛の市場構造と産地対応の変化』（単著）筑波書房、2001年２月。

**【執筆・編集協力】**

**黒澤賢治（くろさわ　けんじ）〈第２章、ほか〉**

特定非営利活動法人アグリネット理事長、元JA甘楽富岡理事・総務金融委員長、JA-IT研究会副代表、JA人づくり研究会副代表、ほか

1950年生まれ
1970年４月　富岡市農業協同組合入職
1981年４月　車両施設部長
1984年９月　企画部長
1990年３月　金融共済部長
1994年３月　１市１郡内の３町１村の５つの総合農協と１つの専門農協が合併しJA甘楽富岡が設立
1994年３月　共済部長・地域総合開発室長
1995年４月　金融共済部長
1996年４月　営農部長
1996年11月　営農事業本部長
2002年４月　JA高崎ハム理事本部長
2003年３月　JA高崎ハム常務理事
2005年９月　（株）アイエー・フーズ取締役統括常務
2007年９月　グループ相談役
2008年１月　特定非営利活動法人アグリネット理事長に就任
2010年５月　JA甘楽富岡理事
2010年６月　鏑川東部森林組合代表理事
2010年６月　群馬県森林組合連合会代表理事会長
2013年５月　JA甘楽富岡理事・総務金融委員長
＊＊＊
1977年（社）富岡青年会議所入会
1989年　日本青年会議所理事長
1990年　日本青年会議所直前理事長、日本青年会議所議長、JCIセネター（Junior Chamber International SENATOR）に就任

その他の役職

世界遺産推進協議会副会長、富岡市観光協会会長、一般社団法人日本農業経営大学校審議委員、農林水産省・普及事業のあり方検討会委員、群馬県農産物販売戦略研究会委員、群馬県食育推進会議委員、元JA全中営農指導事業検討委員会委員、元JA全国営農部会会長、元群馬県営農指導員連盟委員長、など

【執筆・編集協力】
**仲野隆三（なかの　りゅうぞう）〈第３章、ほか〉**
元JA富里市常務理事、元JA安房理事・営農経済委員・債権管理委員、JA-IT研究会副代表、JA人づくり研究会副代表ほか
1949年生まれ
1969年３月　千葉県農業試験場蔬菜研修生修了
1969年７月　富里村農業協同組合入職
1978年３月　富里村農業協同組合常務理事就任
2012年３月　富里市農業協同組合常務理事退任
2012年６月　千葉県鴨川市で就農、鴨川市６次化研究会顧問
2012年６月　一般社団法人JC総研協同組合研究部客員研究員
2013年３月　JA安房理事・営農経済委員・債権管理委員
その他の役職
農林水産省・６次産業ボランタリープランナー、経済産業省・農商工等連携支援評価委員／補助金審査委員、農林水産省・料理人顕彰制度審査委員、など

北海道地域農業研究所学術叢書⑱

営農経済事業イノベーション戦略論
—農産物マーケティング論—

2018年2月28日　第1版第1刷発行

著　者　吉田 成雄・小川 理恵・柳 京熙
発行者　鶴見治彦
発行所　筑波書房
東京都新宿区神楽坂2－19 銀鈴会館
〒162－0825
電話03（3267）8599
郵便振替00150－3－39715
http://www.tsukuba-shobo.co.jp

定価はカバーに表示してあります

印刷／製本　平河工業社

ISBN978-4-8119-0530-3 C3061